SDG 14 的加減乘除

海洋生態的永續議題與實踐

總策劃 李明安

主 編 謝玉玲

作 者 廖柏凱 黃之暘 張正杰 簡連貴 林詠凱
徐德華 龔紘毅 黃章文 蕭心怡 劉修銘
呂學榮 藍國瑋 周文臣 陳均龍

三民書局

推薦序一

　　在全球氣候變遷的大環境下，《SDG 14 的加減乘除：海洋生態的永續議題與實踐》專書的出版，提供了一道清晰且有力的視角，帶領我們潛入那片神祕又至關重要的海洋世界。當大部分的討論集中在陸地上的生態與人類生活時，本書將焦點轉向了與我們息息相關但常被忽略的海洋世界。這本書勇敢地將視線拉向了那片廣闊且深沉的藍色世界，揭示了其深處的奧祕與挑戰。不僅滋養了我們對海洋的認識，更啟發了我們對於未來可能的行動藍圖。

　　本書不僅是一本關於海洋、科技與氣候變遷的專業書籍，更是一部關於人類責任、合作與未來的實踐手冊。從不同面向，作者們深入探討了人類活動如何影響海洋生態，以及以永續的價值為核心，科技如何理解與助益於海洋，進一步促使海洋永續夥伴關係的建立。

　　核心元素——知識、能力、技術——是本書所強調的，更是推動海洋永續發展的關鍵。透過作者群的筆觸，我們不只看到海洋生態的現況，更能窺見到如何透過科技，進行海洋環境的保護，展示了面對全球暖化的可能策略。特別是全球暖化帶來的「孿生雙胞胎」，即海洋酸化，強調了海洋健康的重要性。這本書啟發我們：加強實踐，實現海洋永續夥伴關係的建立，讓這片蔚藍的大海，可以持續地滋養我們與未來世代。

　　除了關注環境生態問題，本書更進一步地探討如何透過海洋科技，解決人類的貧窮與食物不平權問題。書中以「吐瓦魯」這個逐漸沉沒的樂園為例，提醒著我們，責任消費與生產不只是口號，而是與每一位地球居民息息相關的議題。也讓我們不得不深思：如何通過責任消費和生產，確保地球的未來？

作者們以細緻的筆觸，將日常生活中餐桌上的食物、市場的買賣，以至課堂中的教學，串聯成一幅生動的氣候變遷畫卷。透過書中的深入探討，我們看到了在養殖與撈捕之間，存在微妙的張力並與氣候變遷密切關聯；也希望在包容與公平的價值原則下，探求知識、能力、技術的結合。作者以其深厚的專業，為我們打開了一扇觀看海洋與人類共生關係的窗口。讓我們看到了如何從知識到行動 (Knowledge to Action, KtA) 構建起一道保護海洋環境的屏障。

　　臺灣，作為一個海洋國家，在認識自我與實踐永續價值的過程中，海洋的靈魂是不可或缺的一部分。在此特別推薦這一本關於永續海洋的挑戰、希望和未來的書，給每一位尋求行動、並願意為海洋付出努力的讀者。

國家科學及技術委員會　政務副主委
國立臺灣大學物理學系　特聘教授

林敏聰

2023/8/27

推薦序二

面對地球暖化所造成生態環境的持續惡化，紮實的科學知識能發揮重大的作用與影響，足以讓人類面對來自各面向的挑戰。聯合國於 2015 年宣布「2030 永續發展目標」(Sustainable Development Goals, SDGs)，總計制訂了 17 項核心目標，涵蓋 169 項細項目標與 230 項指標，受到世界各國的高度重視。綜觀近年來，無論是政府在政策制訂方面，各大企業在經營策略方針方面，乃至於教育層面的課程素養統整，無一不積極與永續發展目標接軌。

國立臺灣海洋大學對於環境永續的推動不遺餘力，以 17 項永續發展目標觀之，其中 SDG 14「Life Below Water」（保育及永續利用海洋生態系，以確保生物多樣性並防止海洋環境劣化），是唯一針對海洋環境制訂的指標。海大是全國一般大學中唯一以「海洋」為研究專業特色的指標性大學，就海洋環境的永續發展而言，實為海大責無旁貸的任務與使命。112 年 2 月海大正式設立一級行政單位「大學社會實踐與永續發展中心」，作為推動永續發展的專責單位，同時發行永續報告書，宣示落實永續發展的決心，也是校園永續行動的重要里程碑。

在校園景觀規劃中，雨水公園、風力發電機相關設施的設置等，代表海大對水資源循環利用和淨零碳排能源轉型議題的前瞻與關注。海大積極承擔大學社會責任，由校內跨院系教師協力組成五個計畫團隊，超過 40 位專任教師實際投入場域執行五件教育部「大學社會責任 (University Social Responsibility, USR) 實踐計畫」，六年來持續針對漁村、漁民、漁業在生產、生活、生態面向的需求與困境，結合專業知識與人文關懷，協助解決區域偏鄉漁村的問題。

根據 CSR@ 天下的報導，在全臺 29 所大專院校中，每千人學生環境永續課程數，海大以超過十門位居全臺之冠。在 CSR（企業社會責任）教育部分，以 109 學年度為例，海大共有 72 筆「環境」相關課程開課紀錄，而「永續」相關課程亦超過 18 筆，透過不同領域的環境永續課程，積極強化學生對永續議題的重視，是海大的重要目標。112 學年度共同教育中心更進一步規劃推動「永續發展跨領域學分學程」，整合各學院研究教學能量，以完備的課程結構，聚焦 17 項聯合國永續發展目標，以議題為導向進行加深加廣的教學設計與創新。

　　此次《SDG 14 的加減乘除：海洋生態的永續議題與實踐》專書的出版，可說是全國第一本針對 SDG 14 核心目標進行相關議題之教學研究成果的匯集。感謝李明安副校長戮力擘畫，整合帶領跨院 17 位師生結合研究專長，以深入淺出的方式，配合教學案例，將 SDG 14 核心目標的內涵與延伸，進行多面向的詮釋，並提綱挈領點撥影響關鍵。本書除了作為海大永續相關課程的教學用書外，亦期能帶給社會大眾對海洋生態環境議題有更多的思考與關懷。海洋生態保育，分秒必爭，刻不容緩。是為序。

國立臺灣海洋大學　校長

知識紮根，永續海洋　　許　泰　文

2023/8/17

推薦序三

　　聯合國大會於 2015 年 9 月所採決之環境、社會與經濟之永續發展目標 (SDGs)，宣示 2030 年前推動並達成 17 個永續發展目標及 169 個細項目。時序已來到 2023 年下半年，但極端氣候、區域紛爭、經濟發展差距日益擴大等，已成為世界糧食生產不振的根源，加上新冠肺炎肆虐所導致之糧食運費飆升與供應鏈大亂尚未舒緩之際，有世界糧倉之稱的俄烏又雪上加霜地引發毀滅性衝突，更為全球人類的糧食危機敲響了警鐘！因此光就檢驗旨在消除所有人類免於飢餓與營養不良的 SDG 2.1 與 SDG 2.2 的進程而言，目前世界其實是朝著與 SDGs 發展目標的相反方向前進。思及此，基於大學的社會責任，以海洋為主的海洋大學總不能枯等著什麼都不做吧？

　　有鑑於此，國立臺灣海洋大學副校長李明安暨 10 餘位學者專家，以及在學的學生們組成團隊並在教育部 USR 計畫的補助下，基於「2021～2030 年也是聯合國海洋科學的 10 年」，共同探討如何透過科學與教育，為臺灣之海洋產業與環境的永續發展，及改善貧窮和食物營養之不均衡等，作出適切之改革與貢獻。團隊深入漁村、物流、市場乃至餐桌，探討水生生物資源作為糧食資源所面臨之課題，首先面對的是偏鄉漁村在氣候變遷下「魚變了！」、「海也變了！」而讓漁民焦慮不安，城鄉發展差距也在擴大中；因此團隊認為除了推動永續環境保護與建構水產生物產業的發展與治理外，還要將生物資源開發的產業轉為社會有關的活動，以提升漁村的生機並充分發揮水產品的價值與魅力；因此團隊必須結合相關產業或地方之意見領袖、專家與支持者，組成夥伴團隊，形成共識、建構方法與人才培育，以共同進行藍色轉型 (Blue transformation)。

個人拜讀這本成果專輯後發現，該團隊在促進沿岸生態保育與管理、強化可持續養殖生產及創新水產品之加值與價值鏈等，均有令人眼睛一亮的藍色轉型，例如有異於其他農牧業，魚在水中漂浮或游泳，不需耗能源來支撐其體重，且不一定需要消耗淡水資源，甚至如海藻、蛤蠣、牡蠣養殖等不需投餵飼料，本來就是友善環境的低碳糧食生產。該團隊進而導入智慧科技養殖會喊餓的海藻，智慧監控與雲端預警以創新省人力的健康養殖與有效的飼料投餵，用遺傳分子生物科技培育抗逆品種等外，對水產品之推廣與價值鏈的加值與創新等均有肯定之成果。特別是在食魚教育上，該團隊強調 SDGs 的消除飢餓並改善飲食營養不均衡，即不強調用魚肉代替年輕人喜歡吃的牛、羊、雞肉，而是平衡美味魚食、健康人生，特別該團隊用藻類等造成仿生牛排，以改善富足臺灣的不少家庭因飲食不均衡而導致超重、肥胖與三高等問題，令人印象深刻！更期待該團隊不久之將來可針對有資源疑慮之魚類，可以用細胞培養或由其餌料中之藻類萃取蛋白質，作成仿生魚肉並出現在餐桌上，既保育又能改善營養不均衡問題。

　　這些熱愛海洋、執著追求、用心付出的團隊，雖然已初步實現水產與食品生產新模式之建構，強化漁村從業人員對抗威脅與危機的生活能力，也促進了城鄉交流、漁村脫貧、消除飢餓與改善營養失衡等，盼望這些創新思維與具體行動能發揮蝴蝶效應，帶動漁業、水產業能對全臺甚至全球 SDGs 目標的達成作出更多的貢獻！

國立臺灣海洋大學　講座教授

2023/8/14

目次 contents

SDG 14 的加減乘除
海洋生態的永續議題與實踐

CHAPTER 1

氣候變遷效應下的「漁」波盪漾 (SDG 14)

國立臺灣海洋大學　海洋資源與環境變遷博士學位學程

李明安

拉開海洋生態保育的序幕——帛琉誓詞 (Palau Pledge)

大多數人都有海外旅遊的經驗，通關入境前必須填寫入境單與符合各國規定的申報表等，但是入境帛琉時，有一項規定讓許多人感到十分有意義——從 2017 年 12 月 7 日起，前往帛琉不論旅遊或洽公，所有入境帛琉之旅客皆必須同意並簽署帛琉誓詞（計有英文、日文、韓文、中文等不同版本）（圖 1–1），帛琉誓詞是一項極具意義的海洋生態保育宣示行動。此一措施是帛琉政府為帛琉人民保護其美好家園「海洋」的使命與承諾，旅客們違反規定時，恐會遭受高額罰金之處罰。

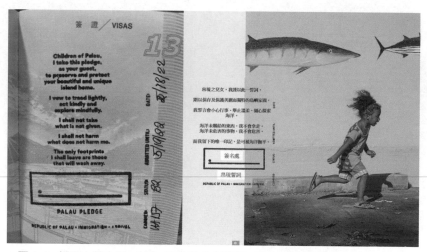

▲ 圖 1-1　證照上英文版（左）及加註中文翻譯（右）的帛琉誓詞（修改自 https://www.dandad.org/awards/professional/2018/branding/26733/palau-pledge/）

　　在帛琉的歷史文化紀錄中，其先人們遵行一個有千年歷史傳統，所謂 "BUL" 的捕魚禁令。BUL 捕魚禁令係人民會自動自發地在特定地區停止捕魚一段時間，讓生態得以復原，好讓帛琉子民能世世代代捕得到魚。這實際上是「里海」（詳見 http://satoumi.tw/）中所包含「永續治理」的概念之一。遵循著這一歷史傳統，早在 1956 年帛琉人民就已勾勒出野生動物保護法的雛型，也喚起帛琉人民之於海洋永續發展的初心（圖 1–2）。之後於 1994 年海洋保護法所規範的隆頭鸚哥魚禁漁法條更是開啟海洋保育意識之先鋒；隨後在 2009 年，帛琉進一步以法律明定全國為鯊魚保育區 (shark sanctuary)，也是全世界第一個鯊魚保育區，而後續還於 2015 年推動帛琉國家海洋庇護區法 (Palau National Marine Sanctuary Act; PNMSA) 立法，將 80% 專屬經濟區 (EEZ) 範圍（海域面積約 47 萬平方公里）劃設為海洋庇護區，20% EEZ 範圍規劃為適宜的漁業活動區，奏出全球海洋 SDG 14 的第一樂章。2020 年 1 月 1 日法案正式生效，更揭開了 SDG 14 海洋生態保育的序幕，期待在保護海洋生態與資源的同時，也能確保糧食安全與經濟發展。

1956年 創立Ngerukewid群島野生動物保護區

1994年 帛琉獨立

1994年 通過海洋保護法案 (Marine Protection Act)

1998年 制定保護海龜的法規

2003年 建立帛琉保護區網路 (Protected Areas Network) 框架

2006年 與密克羅尼西聯邦、馬紹爾群島共和國、關島和北馬利安納群島聯邦
等共同承諾2020年至少保護30%的海洋環境和20%的陸地環境

2006年 明文禁止底拖網捕撈

2009年 建立世界上第一個鯊魚保護區

2010年 宣布建立海洋哺乳動物保護區

2012年 Rock Islands Southern Lagoon 成為聯合國教科文組織世界遺產

2013年 簽署海洋哺乳類保護法 (Dugong Protection Act)

2014年 在聯合國宣布對帛琉國家海洋保護區 (Palau National Marine Sanctuary)
的承諾

2015年 簽署國家海洋保護區法 (Palau National Marine Sanctuary Act)

▲ 圖 1-2　帛琉推動海洋保育之歷程 (重繪自 Palau conservation milestones)

　　帛琉誓詞之所以受到全球注目，便在於帛琉政府小從個人觀念
培養與身體力行，大至國家政策，全面地推動海洋各項永續發展目
標。帛琉前總統雷蒙傑索 (Tommy E. Remengesau, Jr.) 說：「地球不
是我們從前人手中繼承來的，而是向未來的孩子借的」，因此也決定
開放與融入當地小朋友們純真地保護天然環境及尊重當地文化的想
法，讓此帛琉誓詞應運而生。成功大學王偉勇教授更貼切詮釋誓詞

的內涵「扛起保護海洋的使命，把乾淨留給萬物生活的環境！用文學的筆觸呈現，自是動人！」。而這段簡潔有力且充滿了創意與詩意的文字，在 2018 年 6 月獲得首屆坎城創意節聯合國永續發展目標創意獎 SDGs Lions 年度大獎，並先後在 2018 及 2021 年獲得廣告界奧斯卡獎 "D & AD Awards' Black Pencil" 的殊榮，更代表帛琉政府施行永續發展的理念獲得國際企業的肯定。即使在 Covid-19 疫情的影響下，帛琉在 2022 年 4 月仍毅然決然地主辦「我們的海洋 Our Ocean」大會，並推動一項號稱是全球第一個以遊戲積分的永續旅遊 App "Ol'au Palau" 平臺，鼓勵旅客可以體驗與累積在當地旅行的環保足跡，進而可換取到僅限當地人的祕境體驗，顯示在面對後疫情的旅遊法規環境中，帛琉守護生態的決心是不減反增。

鯷魚、沙丁魚漁業的「漁」波盪漾

　　鯷魚 (anchovy) 與沙丁魚 (sardine) 為小型表層魚類，兩者的產量占小型魚類的 52%，並占總漁業生產量的 13%，此外牠們也是許多中大型魚類、鳥類等的餌料生物，是海洋生態食物網循環不可或缺的重要一環，因此其資源量的變動一直受到眾人的矚目。史學家溫契斯特 (Simon Winchester) 在其《不平靜的太平洋：大航海時代的權力競技場牽動人類命運的海洋史》一書指出太平洋海域上確實發生一些環境生態變動的現象，而這些長期環境變化的徵候係來自於祕魯沿近海鯷魚漁業資源的異常變化（譚家瑜，2017）。在號稱世界鯷魚的故鄉——祕魯北方漁港欽博特 (Chimbote)，1971 年漁獲量曾高達 1300 萬噸，成為聯合國糧食及農業組織 (Food and

Agriculture Organization, FAO) 唯一以單一魚種納入統計量的魚類，但在地漁民發現當地鯷魚漁獲量定期會出現反常現象，例如大約每隔 5～6 年的 11～12 月間，鯷魚會很不尋常地消失不見，致使該年度的漁獲量會明顯短缺不足。而漁獲量短缺的影響會逐步擴散到食物鏈上層及其產業鏈（如魚罐頭及魚油等❶），前者使得許多以鯷魚為餌料生物的鳥類或哺乳類會因缺少食物而死亡或離開原有棲地；後者則因漁獲量不足，致使以鯷魚為原料之魚粉產量大減，也間接衝擊到當地的產業經濟。由於此一現象常常發生在耶穌誕生日前後，因此祕魯漁民便戲稱為「聖嬰降臨」的聖嬰現象 (El Niño)。之後，經過科學家們數十年的調查分析才證實與釐清此一聖嬰現象的機制與影響（譚家瑜，2017）。

不過在更多科學數據資料顯示，鯷魚及沙丁魚的漁獲量變動週期常常超過聖嬰現象發生的期間，日本東北大學川崎健教授根據他的觀察發現支配這種生物資源（如鯷魚、沙丁魚）的變動，除了成魚產卵的質量外，很重要的因素是和環境條件有關。川崎教授嘗試將代表太平洋長期冷暖變動的太平洋十年期振盪 (Pacific decadal oscillation, PDO) 指數，及聖嬰現象套疊到 1960 年至 2005 年間祕魯鯷魚及智利沙丁魚的年別漁獲量變動（圖 1–3）發現，當 PDO 指標為正值時，祕魯鯷魚漁獲量大增，PDO 為負值時沙丁魚漁獲量大增，呈現一種祕魯鯷魚－沙丁魚漁獲量的蹺蹺板變動，由於 PDO 指標之正負值改變，代表著冷、暖海洋生態系統的交替現象，因此川

---

❶ https://cmast.ncsu.edu/cmast-sites/synergy/anchovy/ahist.html

崎教授提出鯷魚及沙丁魚的海洋生態系統 「典範轉移」 (Regime shift) 看法。而在典範轉移期間，聖嬰—反聖嬰的冷熱交替則是微調「典範轉移」過程的因子。在進一步以 1900～1980 年太平洋的日本沙丁魚 (*Sardinops melanostictus*) 、加利福尼亞水域與智利水域太平洋沙丁魚 (*S. sagax*) 的年別漁獲量變動圖（圖 1–4）來看，這兩種沙丁魚分別棲息在西北太平洋、東北太平洋與東南太平洋海域，看似沒有關連性的地理空間，但沙丁魚的漁獲量變動趨勢卻是一致的。這也表示當我們在論述水下生物永續發展 (SDG 14) 時，對於環境議題（如氣候行動 SDG 13）、產業經濟議題（如確保糧食安全，消除飢餓 SDG 2、合宜工作機會 SDG 8）等所產生的耦合效應，也多不容忽視。

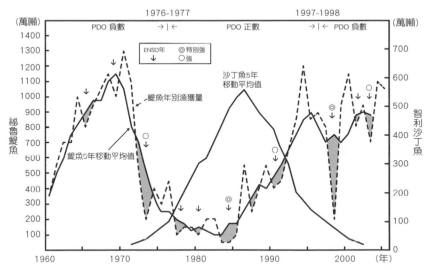

▲ 圖 1-3　1960 年至 2005 年間祕魯鯷魚及智利沙丁魚的年別漁獲量變動圖（重繪自 kawasaki, 2013)

╲資訊小百科╱ ────

太平洋十年期振盪及聖嬰現象

太平洋十年期振盪 (Pacific decadal oscillation, PDO) 及聖嬰現象 (El Niño) 兩者為描述太平洋海洋環境的變動指標。PDO 與 El Niño 這二個專有名詞分別指的是北太平洋北緯 20 度以北之海表水溫經驗正交函數的年代際 (decadal) 指標以及南美祕魯附近之熱帶太平洋湧升水域每隔幾年出現水溫上升的現象。有關年代際指標的物理意義可參照相關網址❷的說明。

El Niño 是西班牙語，它是由 El（男性定冠詞）及 Niño（男孩）所組成，因為此一湧升水域出現水溫上升的現象大多在聖誕節前後發生，因此也被稱之為「聖嬰男孩」。有「聖嬰男孩」當然會有「聖嬰女孩」(La Niña)，西班牙語是由 La（女性定冠詞）及 Niña（女孩）所組成，它所反映的生物資源與環境特性恰與「聖嬰男孩」相對稱，此一時期之熱帶太平洋湧升水域水溫會有明顯降低的現象。在南太平洋有另一與 El Niño 相似的指標——南方震盪指數 (Southern oscillation index, SOI)，它是達爾文與大溪地兩個地點海平面大氣壓力變動的氣候指標。由於其變動特性與 El Niño 相似但相位相左，故現今常將 El Niño 與 Southern oscillation 兩個名詞的合體簡稱為 ENSO。目前 ENSO 已證實是主導熱帶太平洋氣候，造成冷與熱、乾與溼、風暴期與安定期反覆來回交替的指標。為清楚表達此種冷與熱、乾與溼的現象，科學家們也會將聖嬰年稱之為 ENSO 暖期，反聖嬰年稱為 ENSO 冷期。有關 ENSO 指標的物理意義可參照相關網址❸的說明。

───────────

❷ https://climatedataguide.ucar.edu/climate-data/pacific-decadal-oscillation -pdo-definition-and-indices

❸ https://www.cwb.gov.tw/V8/C/C/Knowledge/knowledge_4-1.html

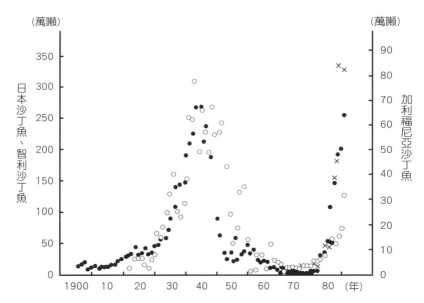

▲ 圖 1-4　1900〜1980 年太平洋水域日本沙丁魚 (●)、加利福尼亞水域太平洋沙丁魚 (○)、智利水域太平洋沙丁魚 (✕) 的漁獲量變動 (重繪自 kawasaki, 2013)

SDG 14 之起承轉合

聯合國 (United Nations, UN) 為了全球人類與其他物種的繁衍及生存發展，於 2015 年 9 月發表了《翻轉我們的世界：2030 年永續發展方針》 (*Transforming our world: the 2030 Agenda for Sustainable Development*)，分別針對經濟、社會及環境保護三大面向，提出了 17 項永續發展目標 (Sustainable Development Goals, SDGs)，並大致可區分為 5 個主軸，包括：

1 人們 (people) 有關的 SDG 1～5

2 共同生活環境 (planet) 的 SDG 6、12、13、14 及 15

3 經濟繁榮 (prosperity) 議題的 SDG 7～11

4 和平 (peace) 議題 SDG 16

5 夥伴 (partnership) 關係 SDG 17 等。

這些目標進一步延伸制訂了 169 項具體的細項目標 (targets)（詳見附錄），以及透過整合且共同解決與實現前揭三大面向之均衡發展 (Ntona and Morgera, 2018)，期望永續發展能「在不影響後代福祉的原則下滿足當代人之需求」，並在 2030 年前成為人類之間共通的語言。在《SDGs 與臺灣教育場域實踐》這本書更以「想解決世界與人類面對的難題，得從現在開始以 SDGs 為器，以腳下的土地為起點，打造地球的永續未來」（張瑞剛等，2022），似可契合永續發展目標的精神及詮釋這個共通語言。

由於海洋面積廣大，可提供包括生物多樣性、食物來源、休憩場所等的生態系統服務功能，直接經濟價值可達 1.5 兆美元 (Stuchtey et al., 2020)，其中水產糧食產業之魚類資源就可供超過 31 億人口每日約 20% 動物性蛋白質來源。以 2019 年為例，每人每年水產品平均消費量可達 20.5 公斤，為 1960 年代（9.9 公斤）的 2 倍以上 (FAO, 2022)，並因此創造出超過 2 億 3 千 7 百萬個工作機會，經濟產值可達 6 千 7 百億美元 (Stuchtey et al., 2020)，因此海洋可說是地球生命之起源，對於氣候調節、生地化循環與提供生物資源都扮演著重要角色。

　　不過當人類依自身的需求且不自覺、不間斷地從海洋中索取資源時，海洋生態系統也會面臨許多不同類型或尺度的挑戰，這些挑戰包括氣候變遷的衝擊、生物多樣性改變、棲地弱化、環境汙染等 (Stuchtey et al., 2020)。溫契斯特 (2017) 更具體地以史學家的角度及大西洋海域開發為例，論述著千年來人類對海洋生物資源的蠶食鯨吞，也對日益衰減的海洋生物資源扼腕嘆息。

　　SDG 14 (life below water) 照英文字面的意思可以解讀為水下生物，這裡 「水」 的意思主要指的是海洋，因而我們可以解讀 SDG 14 其背後隱含的意義是「海洋生態系的永續與保育」。

　　由帛琉誓詞展現的海洋生態保育，以及小型魚類鰮魚與沙丁魚漁獲量的典範轉移變動趨勢，所呈現和其他永續發展目標的共榮關係，均彰顯從水生系統產生出的藍色經濟之 SDG 14 永續發展概念傳達對繁榮、公平和可持續發展的全球願景，並可達到社區、環境、經濟三贏的永續發展目標，已成為各國永續發展規劃中的核心內容 (Stuchtey et al., 2020)。換言之，海洋提供人類大量生物資源，海洋所孕育的微生物與藻類可提供全球一半的氧氣，深深地影響地球的碳循環、氣體循環與營養鹽循環。海洋中許許多多的生物（含浮游生物） 所提供的生物多樣性讓海洋就是個大型基因庫 (Stuchtey et al., 2020)，也供給人類一定比例動物性蛋白質來源，因此保護海洋即是保護我們的生活。

　　基本上 SDG 14 永續發展目標下，聯合國細分了 10 個細項目標（圖 1–5），其間存在有兩兩細項目標之共存共榮 (co-benefits) 與競合 (trade-off) 關係 (Le Blanc et al., 2017)，其中 14.2、14.4 及 14.5

▲ 圖 1–5　SDG 14 細項目標間的關聯性（以不同顏色箭頭詮釋第一列細項目標與其他細項目標之間的聯繫，其中藍色代表正向積極的聯繫／潛在的協同作用，紅色代表負面聯繫／潛在的競合關係，綠色代表仍存在不確定因素。）（資料來源：Le Blanc et al., 2017）

到目標＼從目標	14.1 海洋污染	14.2 沿海和海洋生態系統管理	14.3 海洋酸化	14.4 終止過度捕撈	14.5 推行MPA保護10%的海洋區域	14.6 改革漁業補貼	14.7 增加小島嶼國家發展中國家的福利	14.a 科學知識和技術轉移	14.b 小規模漁民獲得資源和市場的機會	14.c 實施國際法
14.1 海洋污染	■								↑	
14.2 沿海和海洋生態系統管理	↑	■							↑	↑
14.3 海洋酸化		↑	■							
14.4 終止過度捕撈		↑		■	↑				↑	↑
14.5 推行MPA保護10%的海洋區域		↑		↑	■				↑	
14.6 改革漁業補貼				↑	↑	■				
14.7 增加小島嶼國家發展中國家的福利		↑		↑	↑	↑	■		↑	
14.a 科學知識和技術轉移	↑	↑	↑	↑	↑	↑	↑	■	↑	
14.b 小規模漁民獲得資源和市場的機會	↑	↑	↑	↑		↑	↑	↑	■	
14.c 實施國際法		↑		↑		↑	↑		↑	■

與海洋生態系有關，14.1（汙染議題）與 14.3（海洋酸化）跟海洋衝擊有關，14.6、14.b 及 14.5 為海洋經濟議題，最後 14.a 及 14.c 則分別與科學知識和技術發展，以及法治落實議題相關。由圖可知海洋汙染議題基本上對 14.2（海洋與沿岸生態系管理）、14.4（漁業資源復育）、14.5（海洋保護區設置）、14.7（與島國生態利益）及 14.b（小規模漁業）產生衝擊或競合關係。而雖然目前無法具體地判斷 14.c（法治落實）細項目標與其他細項目標之關聯性，但具有適宜的科學知識與技術發展對所有的細項目標有幫助是無庸置疑的。

如進一步挑選 SDG 14 的前 7 個細項目標解讀和其他永續發展目標間之關係，粗估可以衍生出至少 267 種的共榮或競合的關係 (Singh et al., 2018)（圖 1–6）。雖大多細項目標或多或少會和其他永續發展目標間有共榮關係，但仍有少部分的細項目標如過漁 (SDG 14.4)、海洋保護區的劃設 (SDG 14.5)、漁業補貼政策之改革 (SDG 14.6) 會和相關的永續發展目標間產生競合關係。例如當以消除或管制過漁 (SDG 14.4)、漁業補貼政策之改革時，短期上可能會衝擊到當地海洋產業從業人員的工作機會或經濟活動；而前述海洋保護區的劃設 (SDG 14.5) 於 2023 年 3 月 4 日聯合國「公海條約」 (The High Seas Treaty) 內容達成共識，期待在 2030 年以前獲得 60 個國家之支持及簽署通過該條約，進而將全球 30% 海洋納入生態保護區，以復育海洋自然環境與生態。這是一份具法律約束力的條約，極有可能限制目前公海上許多漁業活動，繼而對永續發展目標 1 消除貧窮 (SDG 1, Ending poverty)、目標 10 降低公平性 (SDG 10, Reducing inequalities) 及目標 16 維護公平正義 (SDG 16, Peace, justice and strong institutions) 等產生競合關係。

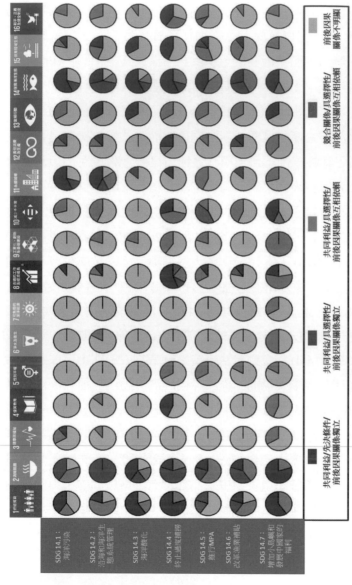

▲ 圖 1-6 以 SDG 14 之 7 個細項目標和其他永續發展目標間產生 267 種的共榮或競合的關係 （資料來源：Singh et al., 2018）

從 SDG 14 觀點看永續發展

海洋面積占全球約 70%，水下生物之魚類資源可供超過 31 億人口每日約 20% 動物性蛋白質來源，不過全球水產資源的生產與消費並不平均，例如前 5 個主要生產國家包括中國、印尼、祕魯、俄羅斯、美國與主要消費國家之中國、印尼、印度、美國和日本並不相同 (FAO, 2022)。這種生產與消費之不平均現象造成目前約有超過 8 億人面臨飢餓，24 億人不易取得充足食物 (FAO, 2022)。特別是印度 2021 年已超過 14 億人口，為全球人口最多的國家，其對水產品的需求又大（全球第三），故當聯合國於 2022 年 11 月 15 日正式宣布全球人口已達 80 億人時，這些訊息警惕我們須更重視人類糧食安全及其來源，特別是有接近 60% 的漁業資源已面臨過度開發的窘境。因此聯合國 2022 年 FAO 報告在永續海洋生物資源的議題上，特別推出一個藍色轉型 (Blue transformation)❹的創新作法，其目的為強化水產生產系統對糧食安全和營養以及可負擔健康膳食的功能，並期待 2050 年每人每年水產品平均消費量可達 25.5 公斤。以海洋漁業管理的角度，其藍色轉型策略有：

1 確保平等獲取生物資源、服務、基礎設施、合宜工作機會、經濟成長（SDG 1、8、12、14）

---

❹ https://www.fao.org/3/cc0459en/cc0459en.pdf

2 提供營養食物和生計機會，確保男女平等獲取漁業資源，透過社會、經濟、政治包容性，減少不平等現象（SDG 2、5、10、14）

3 可持續且高效利用內陸和海洋水生資源，推動負責任消費和生產 (SDG 12)。

同時 FAO (2022) 也以莫三比克青年和婦女加強自身在水產養殖和農業生產的技能，進而提高了其在生計的調適能力案例，來說明夥伴關係 (SDG 17) 協作的重要性。

日本基金會與英屬哥倫比亞大學早在 2011 年起就已有前述發想，並共同推動以氣候變遷與社會公平正義來論述未來海洋永續發展 (SDG 14) 的**海神涅柔斯計畫 (Nereus Program)**。除了夥伴關係 (SDG 17) 外，該計畫初期以 SDG 14 的細項目標（不包括 14.a, b, c）為核心，論述和其他 SDG 的關聯性 (Nippon Foundation-Nereus Program, 2017)。國立臺灣海洋大學（以下簡稱海大）近年則嘗試以健康珊瑚礁的案例（圖 1–7）闡述 SDG 14 與其他永續發展目標之關聯性，基本上珊瑚礁生態系統會和氣候行動 (SDG 13)、水質環境 (SDG 6) 或者陸地生態 (SDG 15) 產生連動關係，也和人民之海洋知識 (SDG 4) 或管理制度 (SDG 16) 有所關聯。在前述良好的環境條件下，珊瑚礁生態系統會讓珊瑚及藻類健康成長，進而使魚類生物分布其中，生物量豐富而多樣，將有助於海洋漁業產業的發展，讓在此一水域作業人員（漁民）有合宜的工作 (SDG 8) 及將捕獲的水產品順利運送到消費地（或消費者）(SDG 12)，因而使以珊瑚礁生態系維生的漁民收入增加 (SDG 1)、提供水產品讓民眾飲食無虞

(SDG 2)，進而漁村社區人口增加 (SDG 11)，健全居民健康與福祉 (SDG 3) (圖 1–8)。據此，我們以框框大小及與 SDG 14 連線多 (4～ 5 條線) 寡 (1～2 條線)，嘗試重新詮釋並重繪 SDG 14 與其他永續 發展目標間的關聯性。基本上 SDG 14 可以提供海洋生物資源，與 消除貧窮 SDG 1 和消除飢餓 SDG 2 密切相關，有趣的是 SDG 14.5 和 SDG 1 似有競合關係 (Nippon Foundation-Nereus Program, 2017)， 這應是海洋保護區的劃設難免會限制或衝擊到當地海洋產業從業人 員的工作機會或經濟活動 (圖 1–6)；由於該報告未討論到 14.a、 14.b 與 14.c 目標，因而此處無法彰顯 SDG 14 與優質教育 (SDG 4)、 性別平權 (SDG 5) 等議題之關聯性。

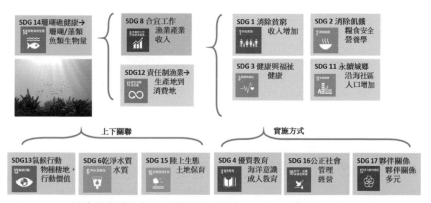

▲ 圖 1-7 以健康珊瑚礁生態系統為基礎所衍生之相關永續發展目標的互動關係 (圖 示珊瑚礁及魚類照片由海大環態所識名信也教授提供)

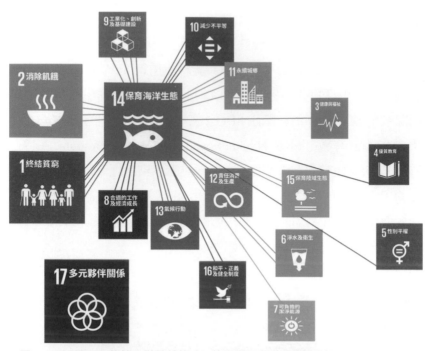

▲ 圖 1-8 以 SDG 14 為核心鏈結其他 SDG 的關聯示意圖（資料來源：Nippon Foundation-Nereus Program, 2017; Unger et al., 2017）

　　海大為國內海洋專業大學，具有海洋科學／人文專業學系且校區鄰近海洋，這樣的條件提供海大團隊從 SDG 14 (life below water) 議題建構一個連結「在地」與「全球」永續發展目標的契機。自 2017 年開始，海大參與教育部大學社會責任實踐計畫 (University Social Responsibility, USR)，以「三漁（漁村、漁民與漁業）興旺——國際藍色經濟示範區」為主軸，整合學校資源推動大學社會責任，以「陪伴」、「社會核心價值建立」、「永續發展機制建立」為核心精

神,「深耕、生根、深根」在地漁村漁港進行社會實踐並與在地(包括基隆八斗子、新北市貢寮、宜蘭頭城、馬祖)協進會、團體、產業建立深厚的夥伴關係(國立臺灣海洋大學,2020),並獲頒遠見雜誌 2023 年第四屆 USR 大學社會責任獎「生態共好」首獎。此外,2021 年亦參與教育部海洋產業跨域與資源永續——創新實踐敘事力培育計畫,期以「里海永續」結合「產業跨域」的創新課程,輔以科技結合傳統漁業 , 並在 「全球海洋環境永續議題——Future Ocean」 思維下,建構出具「全球氣候變遷議題」(SDG 13) 與「海洋資源永續發展」(SDG 14) 的課程模組;輔以跨科系/跨領域/場域實踐利害關係人 (SDG 17) 之創新思維,培育具國際視野之「海洋資源永續思維的創新實踐家」。

綜上,海大基於大學社會責任與永續發展之理念,承擔傳遞海洋教育的知識及培育人才的責任,在海洋永續發展議題上(特別是 SDG 14)責無旁貸,但有必要與不同領域跨層級利害關係人(包含社會大眾、政府、非營利組織等)溝通、合作,並在社區、產業、學界,乃至於整個臺灣及全球提供有效的建議與行動、促成有利於永續發展的改變。因此以「SDG 14 的加減乘除」為題,邀集海大跨領域的相關專家以 SDG 14 為核心,融入包括消除飢餓 (SDG 2)、合宜工作 (SDG 8)、責任生產與消費 (SDG 12) 及氣候行動 (SDG 13) 等議題,分享與 SDG 14 相關永續發展案例與議題間的競合關係,並作為邁開 SDG 14 永續發展的第一步。

CHAPTER 2

當科技遇見海洋生產 (SDG 14 = 2 × 9 − 4)

國立臺灣海洋大學　水產養殖學系

廖柏凱

　　「農夫種田很辛苦喔，要把飯吃光光」、「世界上許多人都沒飯吃，怎麼不把飯吃完？」，當我們想要消除飢餓之前，或許我們應該要先消除辛苦！地球上有許多人正遭受飢餓，但同時也有很多先進國家糧食卻多到可以浪費。在臺灣根據環保署統計，全臺超市和量販店每月產生 500 公噸以上的棄食，平均每年浪費了 70 億臺幣的食物。如此龐大經濟規模的棄食要如何不被浪費是既重要也具有挑戰性的問題，然而真正的困難是：無法讓即將被浪費掉的食物立即出現在需要食物的人面前。因此，我們應該努力的是從源頭下手，利用科技在永續的前提下將海洋生產力效率最大化，在科技與教育的淬鍊之下用「不辛苦」的方式消除飢餓。

前言

　　根據 2023 年的估計，全球約有 6.9 億人正在挨餓，占總人口的 8.9%。每年將新增約 1000 萬人被迫陷入飢餓狀態，五年內會增加近 6000 萬人。如果不能在 2030 年實現零飢餓目標，根據現行趨勢，到那時受飢餓影響的人數將超過 8.4 億，占全球人口的 9.8%。根據世界糧食計畫署 (World Food Programme) 的數據，2023 年有 1.35 億人遭受嚴重飢餓，這主要是由於人為戰爭、氣候變化和經濟衰退所導致。然而，新型態流行疾病，像是 Covid-19 的爆發可能導致這個數字倍增，2020 年底，有 1.3 億人面臨嚴重飢餓的風險。超過 10 億人可能處於飢餓的邊緣，因此我們需要迅速採取行動，為最危險的地區提供糧食和人道主義援助。

　　與此同時，如果我們現在不解決正在挨餓的 6.9 億人口問題，

以及預計到 2050 年全球人口將增加 20 億人，我們就需要對全球的糧食和農業系統進行重大改革。因此提高農業生產力和可持續的糧食生產對於減輕飢餓的危機至關重要。

亞洲是全球大多數營養不良者的集中地，人數約為 3.81 億；此外，超過 2.5 億人生活在非洲，那裡的營養不良人數增長速度比世界上任何地方都快。

2019 年，近 7.5 億人（即全球約十分之一的人口）面臨嚴重的糧食短缺問題，全球約有 20 億人無法獲得安全、營養充足的食物，有 1.44 億 5 歲以下兒童因而發育遲緩，其中四分之三生活在南亞和撒哈拉以南的非洲，5 歲以下兒童有 6.9%（即 4700 萬）因為營養攝取有限和傳染病的影響，導致消瘦或產生急性營養不良的情況。因此 SDG 2 之主要目標即為消除飢餓，達成糧食安全，改善營養及促進永續農業。

案例：如果養殖是在冷氣房裡進行操盤，現代智能科技精準水產養殖系統

現代智能科技精準水產養殖系統將養殖業帶入了一個全新的時代，這些系統利用先進的監測、控制和自動化技術，使得養殖過程更加高效、環保且永續。傳統水產養殖業最大的挑戰，若要總結：其實就是人力的高成本帶來的延伸，正面臨高齡化、缺工、人力斷層、飼料成本過高等問題。因此，導入 AI 人工智慧養殖模式，朝向「養殖自動化、管理智慧化」的科技養殖模式，最終可達到產能提升、養殖永續等效益就是近年來產業發展的重點方向。

　　近年來，不少科技公司投入養殖環境檢測技術及系統化，以一家本土企業——恆瑞國際有限公司為例，他們研發出一套「現代化多通道岸上型智慧科技精準水產養殖系統」，可以從育苗生產預防性健康管理、智慧養殖製造、到綠色科技產業等三大面向推動水產養殖業再造，有效降低與預防水產生物疾病、解決藥物濫用及殘留，以及水產勞動力短缺、養殖技術傳承等問題。加入水產科技戰情系統，整合相關數據計算分析演練，可即時掌握、判斷養殖場內生物及環境狀況。利用 WISE 智慧養殖生態管理系統 （警示訊息，warning message；智慧監控運算，intelligent COS；雲服務器，smart cloud；環境管控系統，environmental control）的方式即時監控生物狀況並上傳雲端深度學習，進行生物健康狀況評估，最後向養殖業者回報養殖環境警示。目前，這套智慧科技精準水產養殖系統已分別於宜蘭、臺中、彰化與高雄進行案場管理操作，讓人工智慧輔助水產養殖以帶來更大的效益。

▲ 圖 2-1　現代化多通道岸上型智慧科技精準水產養殖系統硬體，正於宜蘭冬山柯林漁廠進行架設與測試，該系統可以自動偵測、記錄、分析、異常通報多池水質狀態，減少人力巡場的需求

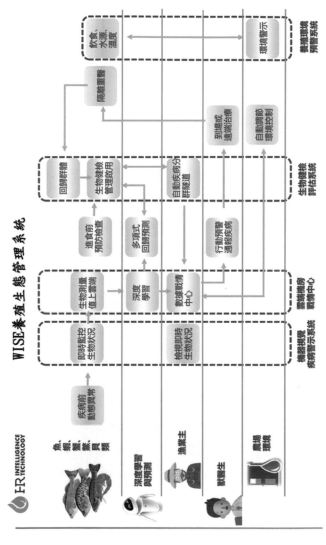

▲ 圖 2-2 WISE 養殖生態管理系統（圖片來源：恆瑞國際有限公司）

　　除了改善傳統養殖，智能養殖系統另一大潛力便是應用於魚菜共生系統。近年來，在乾旱地區國家如以色列、約旦與澳大利亞等國，海水魚菜共生技術得到了廣泛的推廣和應用，這些國家採用了先進的技術和管理方法，利用海水和太陽能等可再生能源來維持系統的水循環和生態平衡，從而實現高效、可持續的生產。以色列是海水魚菜共生技術的領先國家之一，其境內土地大部分都是沙漠和半沙漠地區，水資源非常有限，因此他們開始研究如何在沙漠地區種植農作物，這就引發了海水魚菜共生這個技術的發展。魚菜共生的核心理念，其實就是將生態平衡的概念引入糧食生產當中，養魚產生的營養鹽與廢水成為種菜的養分，而菜負擔了為魚過濾的工作，進而達到節省水源與能源的目標。然而，理念很豐滿，現實卻常常有些骨感，主要的原因在於如何平衡兩個不斷成長與變動的高密度系統。因此在人力無法達成的地方，便有了智能養殖系統發揮的領域。

　　目前海水魚菜共生技術的發展還面臨一些挑戰，在水質管理方面，由於這種系統需要保持良好的水質環境，因此必須對水質進行持續監測和調節，以確保魚類和植物的健康生長，這需要耗費大量的時間和資源。病蟲害防治方面，由於這種系統中的植物和魚類都容易受到病蟲害的侵害，因此需要對病蟲害進行有效的控制和防治。對於市場需求方面，海水魚菜共生所能種植的植物有限，多為耐鹽植物，如：海茴香、馬齒莧、冰菜、海蓬子等，這些植物對於市場需求的變化可能會產生不確定性，需要仔細考慮市場需求和供應之間的平衡。

　　海水魚菜共生技術的應用目前還在邁向技術成熟與商業化改良，需要再進行技術創新和改進，目前國內外皆有學者持續進行研究，以提高此系統的效率和可靠性，達到更穩定持續的農業生產，提高食品安全和自給率。

策略：養殖科技化是相當夢幻的未來，還是每個人都可以從解決眼前的小事做起？

　　提到智能化水產養殖，你的想像是什麼？是在一個高科技工廠裡有一堆機器人投送飼料與搬運重物，取代了所有人類覺得辛苦的事務嗎？這樣的想像也許在 20 年後的未來會很美好地實現，但是作為起點卻是太過於夢幻。的確，以人類現有的科技，若有無限的資源投入可以全然達到養殖水產品的全自動化，但是對於消除飢餓，我們可不能每條魚都是 iPhone 的售價吧！因此，我們更需要先著眼在小地方，在日常生活與重複的工作中，人人都要有能力應用科技與程式思維導入來克服挑戰。

　　這時候便是學校與場域教育結合的時候了，在過往的智慧養殖相關之課程教學經驗與學生回饋中發現，不少同學極有學習熱誠，希望將程式設計納入自己的專長，但是卻可能因為需要突破程式設計的入門門檻而感到吃力。但到了大二至研究所的應用課程時，在更深入接觸到產業動向或是學術研究後，即使不少原本興趣低落的同學紛紛表示自己有許多想法與創意，期望能透過程式設計發揮出來，顯示出在了解到將來的應用面與產業發展後，更能夠激發出他們對科技應用學習力。在這樣的契機下，海大水產養殖學系開始規

劃由較資深搭配入門的同學作為學習團隊，帶領剛入門的學弟妹組織成新創團隊，在結合與養殖業者的對話進入社區場域服務與實作，以實踐**大學社會責任 (University Social Responsibility, USR)**。

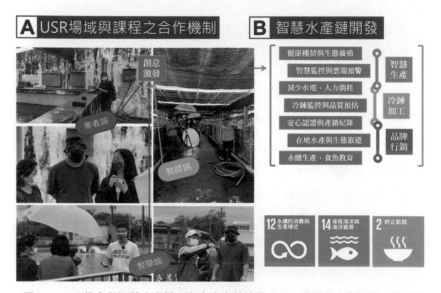

▲ 圖 2-3　USR 教育與智慧水產鏈。海大水產養殖學系 USR 場域之合作機制，透過教師帶領學生進入場域，除進行實作教學外並對業者進行訪談了解現況，三方合作激發創意將成果再投入業界實用，實踐智慧水產鏈之目標。「智慧水產鏈」為對應三個聯合國永續發展目標所設定之主題，共有七個方向可以提供給課程內的新創團隊去發想與找尋物聯網應用主題：「健康種苗與生態養殖」、「智慧監控與雲端預警」、「減少水電、人力消耗」、「冷鏈監控與品質預估」、「安心認證與產銷紀錄」、「在地水產與生態旅遊」與「永續生產、食魚教育」

　　在這樣的設計下，可創造業者、教師與學習者三贏的成果，透過學生團隊提出的智慧水產鏈新創計畫來塑造可永續生產之智慧水產品牌。在學習訓練上，則有完整的團隊領導與業界新創服務養成經驗。最後，入門初學者在有資深學長姐的帶領下，從細微的改進著手，真正看見目前現場養殖的所需，以作為學習目標並抓住產業趨勢。

▲ 圖 2-4　學生之物聯網作品成果。LoRa 水質偵測警報器，可以進行中短距離無線傳輸對白蝦養殖進行監看，並針對異常數據發出警報聲警示

▷ 論述：智能化養殖的未來該怎麼前行

在傳統的水產養殖中，養殖場通常受限於自然環境的條件，如水溫、水質等。然而，在冷氣房內進行養殖，可以完全掌控這些因素，提供最適合魚類生長的環境。這些冷氣房通常搭配先進的溫度控制系統，可以根據不同的魚類需求調整水溫，確保牠們在最適宜的範圍內生長。這種精確的溫度控制不僅可以提高魚類的生長速度和產量，還可以降低疾病的風險。

另外，現代智能科技精準水產養殖系統還利用感測器和監控系統實時監測水質。這些感測器可以檢測水中的氧氣含量、養分濃度和有害物質等重要指標，並透過智能控制系統進行調節。這樣一來，養殖場主可以及時了解水質狀況，並採取必要的措施以確保水產生物的健康和品質。

現代智能科技精準水產養殖系統還包括自動餵食系統和智能監控系統。自動餵食系統可以根據魚類的需求和時間表，精確提供適量的飼料，減少浪費並確保魚類的營養均衡。智能監控系統則可以透過攝影機和圖像識別技術，監視養殖場內的魚群行為和健康狀態，及時識別異常情況並採取相應的處理。

▲ 圖 2-5　模組化魚電菜共生系統的示範與教學，海大於宜蘭壯圍牛頭司場域進行架設魚電菜共生系統，該小型系統可用於教學、研究與生態導覽

🖱 活動：智慧養殖科技與會喊餓的矽藻

　　矽藻 (diatom) 是一種微小的浮游藻類（單細胞生物，大小從數十到數百微米），但卻是海洋中最重要的初級生產者，可以利用太陽能把二氧化碳轉變為有用的葡萄糖，同時產生氧氣，它們肩負著地球 25% 的固碳作用，在地球生態上扮演了很重要的角色。

　　海大海洋生物研究所矽藻研究專家張正老師，與生命科學暨生物科技學系專長於生物化學與基因工程的林翰佳老師跨領域合作，成功建立了矽藻基因轉殖技術。之後林翰佳老師研究團隊透過生物技術研發出全世界第一隻會「喊餓」的矽藻，使其在缺乏磷酸鹽的環境中發出綠色螢光。這項技術有望應用於水產養殖領域，提高產能效益並偵測水質環境。這項研究成果領先全球，不僅被藻類研究領域頂尖國際期刊《Algal research》收錄，同時獲得專利認證。

現在何不發揮你的想像力，畫圖設計出一個矽藻生物感測器裝置，連動到海水魚菜共生系統中，讓我們來實現以下目標：

1 矽藻感測器部分：使用基因轉殖的矽藻，具有能夠產生綠色螢光蛋白的特性，並且融入鹼性磷解酶基因啟動子，再配置發光感測與控制器，控制照射激發光源，並且能夠偵測系統中的吸光量，提供螢光光源也即時感測矽藻的密度。最後，設置螢光檢測器，用於測量綠色螢光蛋白的強度。

2 海水魚菜共生系統部分：規劃出養殖魚類、水生植物的養殖槽，矽藻感測器一同放置在過濾與監控系統中。監控系統需要監測養殖水槽中的水質參數，包括溶氧量、水溫、pH 值與其他必要的養殖數據。接著，連動水質監測數據和矽藻生物感測器的螢光強度。

3 控制系統部分：建立智慧控制系統，連接矽藻生物感測器和海水魚菜共生系統的控制單元。根據矽藻生物感測器檢測到的磷酸鹽濃度變化，調整魚菜共生系統中的環境條件，包括燈光強度、水流速度和養分供應等。藉由智慧控制系統的即時調節，維持共生系統中的水質平衡和生態循環。

4 監控與資料分析部分：整合感測器和控制系統的數據，進行監控和資料分析。提供使用者介面，以顯示水質變化、矽藻螢光強度和共生系統的運作狀態。預警功能：當矽藻感測器檢測到異常水質條件時，發出警報並提供相應的處理建議。

如果有了這樣的系統，你會想要完成哪些研究內容呢？

1. 了解矽藻在養殖生產的固碳重要性及其在海洋生態中的作用
2. 探索智慧養殖科技在矽藻中的應用，包括基因轉殖和光遺傳工程
3. 研究矽藻在水產養殖中的潛在應用，包括營養供應和水質監測

 海洋生產與生態永續該怎麼結合？

於水產養殖方面，業者的經營管理方式是控制碳足跡的關鍵，減少排放廢水及有機廢棄物、使用植物性飼料取代動物性飼料、建立智慧化水產養殖系統水池監測有效控制，並避免餵食過多飼料汙染水質等，以健康永續的方式經營管理，達到減緩溫室效應的影響。

CHAPTER 3

餐桌、市場、課堂——
在養殖與撈捕間的 SDGs 落實
(SDG 14 = 3 × 4 + 2 = 12 + 2)

國立臺灣海洋大學　水產養殖學系

黃之暘

　　飲食，既是別具個人主張與口味偏好差異明顯的習慣，同時卻又是不分性別、年齡、宗教與種族，只要生而為人，便會因著能量與營養需求，而必須每日進行的常規活動。然而不論葷素鹹淡等口味差異，直接與間接地利用資源並與環境產生連結，皆為不爭事實，更何況隨著便捷運輸與冷鏈技術完善，加上頻繁活絡的貿易流通，現代人的飲食，往往豐富多元乃至無遠弗屆。

　　速食文化雖滿足了人們在便捷、快速與平價上的飲食需求，但愈是如此，人們愈應了解入口美味在烹製之前的原型、原貌以及來源。各類食材雖然廣泛涵蓋各類水生與陸生動、植物，但其實為滿足目前地球人口在飲食上的龐大需求，其中不乏在生產技術與量能上不斷創新的農業、禽畜與水產發展；而其中，所謂「水產」除廣泛涵蓋魚蝦蟹貝藻等種類，明顯超越禽畜產千百倍之多的複雜組成，同時在人類動物性蛋白質的供應上，也僅有水產同時涵蓋自野外環境取得，亦有設施生產之養殖等兩大來源，且隨資源狀態、季節氣候、地理位置、消費偏好與時空條件等因素，而在撈捕與養殖間具有微妙消長。

 前言：從餐桌到產業

 在進入章節前，請問能從您在今天享用的任何一道餐點，辨識出其中水產食材的種類、生產來源與供應路徑嗎？

　　臺灣幅員有限，特別是在經歷幾次食安風暴後，不論是從生產、供銷乃至消費，從「產地到餐桌」的概念及省思愈趨清楚，伴隨朝向認識產業或親近產地的短程旅行，也讓人們更加認識產業樣態，亦能將生活感受、生產收成乃至資源與環境巧妙融合。例如每逢假日人潮匯聚的觀光魚市或是漁夫市集，以及刻意安排造訪，在生產地或批售市場體驗耀手與魚行文化的參訪行程，便是從餐桌到產地的具體落實。

　　以頻繁出現於餐桌上的虱目魚為例，雖然為方便食用而多分切為無刺魚肚、里肌或魚皮，但若有機會從餐桌往市場推進，便能見到樣貌完整的全魚，甚至在批售市場或產地周邊，一窺打理分切以及加工等相關操作；在不到 2、3 分鐘內，一條虱目魚便被迅速拆分為魚頭、魚肚、魚腸、魚皮、里肌與魚骨，而一旁也有製作無刺虱目魚排、虱目魚一夜干或風乾魚嶺（背鰭）的作業；若再將行程貼近生產端，或藉由翻閱產業檢索發展歷程，還可見到臺灣在虱目魚養殖，陸續歷經由早期的淺坪式、搭配越冬溝以度過冬季低溫，而後發展為深水式飼料投餵養殖，以及如今紛紛朝向生態養殖等形式轉變，而這搭配名稱❶、商品與料理形式的微妙變化，一轉眼，竟也橫跨了超過 400 年的時空（表 3–1）。

---

❶虱目魚的名稱繁多，從早期以不同語言及讀音稱之的 sabado，到以其脂瞼特徵為名的「膜遮目」或「遮目魚」，如今還衍生出包括「牛奶魚」、「安平魚」或以其諧音表示的「思慕魚」等，都真實記錄了與生活密切相關的飲食經驗，時間一久，食魚文化於焉成形，同時愈顯精采多元。

表 3-1　虱目魚不為人知的祕密

學名	*Chanos chanos*	屬名與種名相同
通用俗稱／商品名稱	虱目魚、牛奶魚	牛奶魚為英文 milkfish 直譯
舊名／地方名稱	遮目魚、膜遮目、海草仔	因為面部脂瞼受熱變白故名
生物學特色	一屬一種	–
棲息海域	印度西太平洋與南太平洋海域	熱帶性魚種
生活環境	淺海／半淡鹹水／淡水	養殖或有以淡水進行養殖[a]
最大體型	體全長可達 180 公分	Fishbase 資料[b]
臺灣養殖發展歷程	粗放淺坪－深水集約－生態養殖	400 年前至今之轉變
主要商品形式	虱目魚肚、虱目魚丸	皆經無刺處理以方便品嚐
次要商品形式	虱目魚腸、里肌、魚頭與魚嶺	魚嶺為背鰭基部兩側部分肉質

[a] 可降低滲透壓調節時的耗能，故成長速度較快。
[b] 魚類資料庫 (https://www.fishbase.se/summary/Chanos-chanos.html)。

　　政府於 2022 年公布的《食農教育法》，除了呼應社會大眾對於食農教育的關注與需求外，同時也為食品安全、認識資源與環境，甚至飲食教育與文化錨定根基。擴展迄今，分別從生態旅遊、林下經濟、食農乃至食魚教育的積極拓展與逐步開花結果，也已從教學或教育單位，到全民大眾的生活感受等不同面向持續回應，而此刻，也正是將聯合國推動的 SDGs 各項目標融入集中的最佳時機。

案例：從市場進課堂

提問　**在進入章節前，回想一下最近一次逛市場的時間？以及採購了哪些水產？**

　　市場，絕對是認識當令資源、在地風土與風味的絕佳場域。學習也好，參訪也罷，就連打理平日三餐的購買，也都能真實且直接地感受分別藉由種類組成、價格高低與風味好壞所展現的時序變化（圖 3–1）。只是在觀察種類組成外，稍稍留意與多加詢問，往往能感受在風味以外的更多資訊。例如在市場中的白帶魚，隨誘釣或撈捕等不同漁法，往往具有不同體型與鮮度，而循著釣線或網具思索，還可了解到對於資源利用與環境衝擊的程度存在差異（表 3–2）。此外，在生產、販售與消費間的種類、體型大小、數量多寡與價格變化，也多真實地反映出在資源、環境與產業上的時空變化。例如以往因為量大而平價的剝皮魨、紅目鰱以及金線魚，如今卻是奇貨可居，在價格上屢創新高的商品；另以鯖魚為代表的多獲性紅肉魚類，逐漸縮小的體型（或成熟體型）與大不如昔的收成數量，也可能暗示著人們，資源已再難抵擋現今高度發展漁具與漁法的撈捕壓力。

　　也因此，在海大陸續開設的「養殖與食魚文化」及「食魚文化踏查與體驗」等課程，不僅是帶領水產相關科系學生，分別了解水產品從生產經加工到銷售的產業供應鏈，或是中西文化下以水產為主的食魚文化及其時空演進更迭。更藉由活動安排，包括生產地或

▲ 圖 3-1　在傳統市場，除可見到鮮度絕佳的各類撈捕與養殖水產，且隨不同季節時令，多直接反映當地資源與產業

批售市場參訪與產業操作實務體驗，並在魚市場或傳統市場中，引入經營多年的攤商漁販為共授業師，讓與課成員真實感受不同於課堂的產業面向（圖 3-2）。藉以回顧並思考在日常三餐中，我們對於與資源及環境關聯甚為密切的撈捕、養殖與加工水產品及其產業，目前面臨的困境與挑戰，以期能在分別扮演消費者，或於日後成為產業從業人員與決策者時，能夠基於對產業擁有完整全貌的認知理解。伴隨近年包括「地產地銷（消）❷」、「身（生）土不二❸」、「百哩飲食」及「慢食」與「慢魚」等倡議，分別從生活與專業等

表 3-2　不同捕獲方式對魚貨、資源與環境的影響，以白帶魚為例

	休閒垂釣	專業手釣	定置網／圍網	拖網
數量	—[a]	少	多[b]	多[b]
品質：外觀	佳	佳	普	差
品質：鮮度	佳	佳	普	普
品質：大小	可控制	大	均一	均一但偏小
混獲狀態[c]	低	低	中等	高
對環境之影響	低	低	相對較低	不定／或有衝擊[d]

[a] 不做商業性生產與供應故不列入評比。
[b] 相對於其他作業方式所獲，但仍受季節、海域與海況所影響。
[c] 主要指伴隨目標魚所獲之其他海洋性物種，惟部分受限種類與體型而不具食用價值。
[d] 若為中層拖網影響不大，但若為蝦拖網、底拖網或流刺網，則可能對其他海洋生物、底質或棲地環境造成影響。

不同面向，透過水產品的生產與消費，落實 SDGs 中包括以 14 為主，SDG 2、3、4、12 為輔的目標。

---

❷ 隨角色或面向不同，「地產地銷（消）」可以為在地生產，在地銷售，或是在地生產，在地消費。主要呼應並強調的是現今多有積極推動的節約或縮短食物哩程，負責任及有意識地消費利用。

❸ 「身（生）土不二」所指的是身體與土地不該分開，生活亦然；一方面呼應百哩飲食與慢食運動中「好、清潔與公平」的精神，另外則是可以透過實際體驗與生活，連結在地風土、資源與文化。

▲ 圖 3-2　由課程引導學生進入場域、關注議題並且反思學習，同時援引不同業師進行分享，有助加深學習並朝不同面向積極探索

 策略：由生活落實，以行動展現 SDG 14

> **提問**　在進入章節前，不論吃的水產是魚蝦蟹貝藻，養殖或撈捕，思考看看，如何在市場中或餐桌上，以個人力量回應並落實 SDG 14？

　　SDG 14「永續海洋與保育」的精神在於針對海洋與海洋資源進行保育及合理利用，以確保永續發展；其中細項工作，則包括減少

海洋汙染、保護和恢復生態系統、減少海洋酸化、永續漁業、保護沿海與海洋地區、終止導致過度捕撈的補貼、提高海洋資源永續利用的經濟效益、新增海洋健康的科學知識、研究和科技、支持小型漁民，以及執行並落實國際海洋法。海洋覆蓋超過 72% 之地球表面積，不但是水資源最大的蓄存、循環與緩衝之環境，同時其所蘊藏的生物與能源資源，也是人類生活與地球穩定氣候與生物豐度的主要支撐。但是無邊浩瀚、深不見底的海洋，有什麼是我們可以透過日常生活中的餐飲消費，憑藉一己之力便能落實，甚至努力嘗試改善之處？

　　不論漁撈或養殖，主要供應人類食用的各式魚蝦蟹貝與藻等水產品，其實都與永續海洋與保育密不可分；以撈捕為例，如果我們可以身體力行的實踐慢魚運動中，延伸自慢食運動分別以「好、清潔與公平」的消費原則，在選購或食用各類來自海洋的漁獲時，能充分了解種類及其生活史、作業方式、供應來源乃至食用量與頻度，分別對物種資源與生態環境的影響，並因此而加以節制，便能逐步改善目前遇險困頓的漁業環境。例如降低對飛魚卵的食用量及消費頻度、選購具有標章的水產罐頭（如 MSC 標章）、只消費配額內的野生捕獲鮪魚，或不在非准許捕捉的時間與區域內食用如魩鱙或鎖管等資源，其實藉由個人生活的堅持與努力，也能從消費端循序漸進地影響生產端作業，逐步改善目前窘況，進而落實包括恢復生態系統、永續漁業、終止過度撈捕的補貼，乃至支持小型漁民並減少海洋汙染（圖 3–3）。

▲ 圖 3-3　他山之石，可以攻錯。藉由了
解標章水產品的意涵與規範，
有助消費者從個人身體力行，
對於特定資源與環境議題產生
關注，進而從生活落實各項
SDGs

　　近年海洋撈捕受資源枯竭而減少之際，持續擴張的養殖生產似乎已然超越撈捕，並在現代人健康飲食觀念使然下，市場逐漸以水產品取代禽畜產等動物性蛋白質的消費風潮愈顯興盛。其中養殖生產的各類魚蝦蟹貝，儼然成為市場供應大宗，尤其是養殖商品具有穩定、常態、均一與特定規格等優勢，多能切中消費需求與偏好。只不過生產過程中養殖廢水的排放、飼料原料中的魚粉取得與添加比例，以及大量飼養單一物種，或為商業生產及其利用而引入外來物種 (alien species)，並在逃逸、丟失乃至疏於管理後形成拓殖入侵，最後傷害當地野生動物資源並造成生態丕變，也多是養殖發展始料

未及的缺憾。因此面對明日的食物，即便深知水產具有優質、均衡與多樣的營養來源，以及相對禽畜產較佳的能量轉換效率，但在選別食用對象上，仍應以植物食性 (herbivorous) 或混合食性 (omnivorous) 的魚種為主，避免專注食用單一或養殖過程對於資源消耗或生態環境造成相對明顯影響的物種。或可藉由養殖技術進行計畫性、受控制與持續評估的資源放流及復育與保育，方能讓養殖充分發揮價值，滿足消費需求同時，也能兼具環境可乘載之負擔，進而減少海洋汙染、保護和恢復生態系統、保護沿海與海洋地區，並提高海洋資源永續利用的經濟效益。同時藉由技術發展，增進從消費端到生產端有關海洋健康的科學知識、研究和科技，以利落實 SDG 14 中的各項細項目標。

論述：SDG 14 = SDG 3 × 4 + 2 = SDG 12 + 2

> **提問** 在進入章節前，除了用身體力行的日常餐飲回應 SDG 14，我們還可以有哪些創新的想法或作法，並呼應 SDGs 中的其他項目？

水產品的消費與利用，不僅牽動生物資源與以海洋為主的水域環境，同時也與人們從基本的食物選擇與供應、衛生健康、福祉乃至教育文化息息相關；因此不論是負責任的生產，或是有意識並在意的消費，都能在 SDG 14 以外，直接或間接地連結 SDGs 其他目標。而重要的是，因為與日常飲食密切相關，因此相關落實與推動，

往往不必仰賴公部門或大企業在 ESG❷ 的架構下進行，而是由個人的食材消費與餐食選擇上便能力行。更何況相對於禽畜產品，或慣行生產的其他農作，水產品除兼具分別來自野外與設施、撈捕與養殖、淡水與海洋，乃至包括熱帶與溫帶，並具有高度生物多樣性等特徵，因此不但是能充分體現 SDGs 在「永續海洋與保育」(SDG 14) 的目標，同時也能透過不同項目的搭配、組合與共構，發揮其遠超單一目標的出色表現。

例如可以藉由「健康與福祉」(SDG 3) 與「優質教育」(SDG 4)，共衍「消除飢餓」(SDG 2) 的目標。水產品相對於禽畜為主的陸地動物，不僅以生產面向之能量利用與轉換率皆有出色表現，此外水產品廣泛涵蓋撈捕與養殖，分別來自淡水與鹹水且包括魚蝦蟹貝等多樣組成，也能給予人們健康、均衡且營養的各類食物選擇。因此藉由教育作為宣導正確的食魚概念，或是搭配國內於 2022 年公布的《食農教育法》，與近年分別由公部門與民間積極推動的食農及食魚教育，多能在兼具資源合理利用與保護海洋環境下，同時提升人們健康與福祉。此外，伴隨近年迅速發展並逐步落實的「動物福利」(animal welfare) 議題，在國內於 2019 年辦理首屆水生動物福利研討會，並分別由主管機關、學研單位與公民團體多積極投入提升生產與消費端對此一議題的關注，也讓健康與福祉除照顧生產端與消費端外，對於產食動物的生產也多有關注與持續推動。

---

❷ E 是環境 (environment)、S 是社會 (social)、G 則是治理 (governance)。

此外，慢魚運動「好、清潔與公平」的原則，也從消費端逐漸影響並改變生產端，除對於資源有更加節約與謹慎的利用外，同時對於向來導致產銷失衡的漁權、勞權乃至民生經濟與福利等議題，也多有持續關注及改善，並藉由更安全清潔的水產品，達到增進福祉，同時消除飢餓的目的。或是藉由「責任消費及生產」(SDG 12)，搭配「消除飢餓」(SDG 2)，協助開發中或落後地區建構正確的消費與生產觀念，一方面確保資源合理利用與環境保育，另一方面則能投射到海洋環境及其相關資源的永續發展。而當上述的目標可以透過不同面向的努力逐步實踐，其所連結起的個人、社區、國家乃至區域，便能建構協力互助的夥伴關係 (SDG 17)，分別由不同面向，朝向各項 SDGs 目標邁進。

活動：從課堂到生活

海大是以海洋為特色之研究型大學，完整堅強的各學院，組成涵蓋海洋工程、資通訊、商業、航運、海洋環境與生命科學等專業領域；除在基礎研究上持續創新，近年也透過 USR 進行社區與產業之在地關懷、人才培育、相關課程與活動的辦理，亦以實踐 SDGs 各項目標為方向並逐步實踐。其中與 SDG 14 相關的課程，除分別由生命科學院兼具漁業、養殖與食品加工等不同產業範疇，以及涵蓋海洋資源與環境關聯密切的水產概論為基礎，並在諸多課程及其衍生所屬活動中，以保育海洋生態 (SDG 14) 為主軸，藉由「優質教育」(SDG 4) 與「責任消費及生產」(SDG 12) 宣導，同時串聯分別來自場域與產業之「多元夥伴關係」(SDG 17)，以具體呈現既

能兼顧知識教授，同時亦能呼應並落實 SDGs 目標內涵的多元學習活動。

「養殖與食魚文化」課程活動演示 (I)：魚市場參訪

「養殖與食魚文化」為水產養殖學系選修課程，內容除介紹食用水產的利用歷程與中西異同，同時融入資源關注、環境體驗與產業探索等主題。課程主要以呼應「責任消費及生產」(SDG 12) 的慢食與慢魚精神外，同時也參考歐美「百哩飲食」、日韓兩國的「地產地消」與「身土不二」等食育精神，搭配民國 111 年我國政府頒布的《食農教育法》，藉由「吃其然，吃其所以然」，分別由生產端、儲運端與消費端，落實「消除飢餓」(SDG 2)、「健康與福祉」(SDG 3) 與「優質教育」(SDG 4) 等項目建立基礎論述，並藉由節約、有意識且在意的消費，落實「保育海洋生態」(SDG 14) 的目標。因此除課堂授課以外，也不定期舉辦基隆崁仔頂市場參訪導覽活動，藉由了解時令海鮮的種類組成、生產方式與供應來源，同時也在活動中引導了解夥伴撈捕或養殖生產涉及之漁具漁法與場域環境，搭配呼應在地利用的特色形式，帶領在活動中實際感受產業、資源與環境的緊密關聯，進而對以 SDG 14 為主的範疇產生理解、認知與省思。

「食魚文化踏查與體驗」課程活動演示 (II)：實作演練

「食魚文化踏查與體驗」為 110 學年開設之課程，除進行課堂授課外，也藉由與地區產業場域、漁會及海洋科技博物館等多元夥伴合作關係，進行場域踏查與實作演練，並設計包括傳統市場參觀

採購與廚房料理，體驗具有基隆飲食特色與文化的食材與料理，帶領夥伴從課程中感受食材、烹調與風味。活動包括從採購、打理乃至烹調，並搭配海科館志工與研究員一同參與授課，以落實從產地到餐桌之倡議（表 3–3）。除分別介紹時令水產、冷鏈與貿易供應、乾製與加工品，同時分別以魩鱙、鯊魚與具爭議性的漁具、漁法與水產品等議題，藉以傳遞「保育海洋生態」(SDG 14) 中，藉由正確合理的節約利用，確保生物多樣性並防止環境惡化，以利資源、環境、產業與消費可共榮發展。課程內容兼顧「責任消費及生產」(SDG 12) 之目標，對種類組成及其不同生產方式之水產品進行實例解說與操作。

表 3–3　做中學與學中做的 SDGs 力行——以課堂實作活動為例

時間安排	活動場域	課程內容與主題探索
活動前準備（約莫 1 週）	課程臉書社團	提供活動資訊、內容與相關資源以利準備
1 小時	市場集合	場域探索，引入業界老師以不同面向介紹
1 小時（0.5 + 0.5 小時）	廚房[b]	主題短講、挑選種類介紹、討論互動
		簡單解說、形態觀察與三清[a]處理操作
1～2 小時		烹煮示範與各組分組料理
1 小時		各組介紹、展現成果、風味體驗與分享
0.5 小時		結論與環境清潔整理

[a] 三清分別為除去魚鰓、鱗片與內臟；若有必要還可延伸加入如片切、輪切、除去骨刺之分切或是斬剁與清修等操作。

[b] 可為學校家政廚房、餐飲教室或是學校周邊安全並具完整設備的作業場域。

「食魚文化踏查與體驗」課程活動演示 (III)：混成教學

2019 年底迄 2023 年初，全球受 Covid-19 疫情影響，對各行各業多有程度不一的衝擊，而屢屢變異的病毒株類型，也多讓跨境與包括學習在內的公眾參與活動備受挑戰。然若換個角度，疫情期間利用網路資訊遠端學習，隨疫苗注射普及與群體免疫讓疫情相對趨緩後的恢復實體，從資訊獲取與相關應用，疫情影響的 2、3 年間，不僅為刺激多元學習的加速器，搭配社群平臺、網路視訊與會議室及 2022 年發布的生成預訓練變換模型 (Chat Generative Pre-trained Transformer, ChatGPT) 等資源，混成教學已然成為目前可供使用，並具有強化效能的絕佳工具。以養殖系開設之「食魚文化踏查與體驗」課程為例，除同時使用實體與線上課程進行教授，場域涵蓋課堂、實驗室、市場與漁會與海科館之生態廚房，同時亦搭配相關議題之網路與社群平臺資訊，或藉由建立課程專屬的臉書社群，以利提供與課夥伴不同的學習路徑。此外，在線上課程與社群中，亦納入分別來自漁業、養殖、餐飲、批售與零售通路與博物館等多元夥伴組成，藉由不同觀點與面向提供意見並刺激思考，以豐富教學內容與學習成效。

互動：魚市場踏查

若有興趣前往魚市場踏查，在全臺各地的生產地、零售地乃至傳統市場，都是值得推薦以水產為主的尋訪場域；而如果能順應季節時令、把握主要或具特色之漁獲對象收成，乃至分別欣賞從卸貨、

拍賣、分切到運銷等不同產業環節，則更能深入感受產業脈動，以及由場域發散衍生的風土人情。例如春季在花東沿岸的洄游魚類、春夏交界時的黑鮪產期、夏季分別於基隆與澎湖盛產的鎖管、秋末冬初的竹午、土魠與紅魽、冬季至隔年端午以前的櫻花蝦，或呼應年節的各類鮮魚、大蝦或乾貨等，都可在市場一睹蹤跡，同時從產地到餐桌，感受產業旺盛活力。

　　魚市場主要以生產地及消費地兩類區分，前者如頭城大溪漁港、苗栗龍鳳漁港、蘇澳第三魚市場、臺東新港魚市場、東港鮪魚拍賣市場與馬公第三魚市場等，親臨感受沿近岸收成卸貨與拍賣的活絡專業，而後者則如基隆的崁仔頂、布袋魚市場及高雄岡山與前鎮魚市場等。而各地傳統市場，特別是於近年多有改建或調整而歷久彌新，如臺北東門、南門與士東市場，以及嘉義東菜市、臺南水仙宮市場、東市場及鴨母寮市場，或是左營哈樂市場等，別具規模的傳統零售市場，也能一窺隨季節時令、當地口味與飲食文化略有不同，而呈現出別具特色的販售品項，或是取材水產製作的各類熟食小吃等。

　　造訪魚市場，除了穿著輕鬆舒適的衣物，以及具有防滑功能的鞋子與防風或防雨衣帽外，建議需提前搜尋包括經營特色、對象與營業時間等市場資訊，以免向隅。此外，由於多數拍賣或批售市場多以服務魚販或餐飲業者為主，因此建議在參訪過程中保持距離遠觀即可，不一定得勉強購買，更忌不明就裡的競標。而拍照時也建議能徵得對方同意，除不要任意觸碰或翻動漁獲外，也切勿使用閃光燈或針對人物面部特寫，以免造成困擾糾紛（表 3–4）。

表 3-4　參訪魚市場注意事項與觀察重點

項目	建議要點	避免事項	備註或說明
時間	市場營業時間	週一批售／零售市場皆公休	先以網站或電話確認
天候	農曆／潮汐／異常氣候	月初與月中／潮汐／颱風前後	漁船泊港無外出作業
參訪地點	市場名稱與地點	任意停車或直接闖入	建議事先收集資料
穿著	寬鬆舒適／防滑防水著裝	露趾涼鞋、拖鞋或高跟鞋	須具備應急雨具[a]
交通	來去交通車班時間	因應特殊作業時段的交通規劃	自行開車相對方便
漁獲觀察	眼看、耳聽、筆記	切勿任意觸碰或詢價	不建議當場購買[b]
拍照記錄	除漁獲外還包括人物／場景	直接對人拍攝或使用閃光燈	拍攝前請先禮貌徵詢
詢問互動	了解名稱與行業用語	避免詢價或任意評論	避免觸及敏感議題
專業體驗	眼／耳／鼻／口／膚（膚感或觸覺）[c]	直接穿越攤商或任意觸碰漁獲	未經徵詢或允許不行
其他	人身與錢財安全	避免幽暗或人煙罕至角落	–

[a] 魚市場營業時間多人車來往頻繁或摩肩擦踵，建議避免撐傘。
[b] 會影響行程規劃與參訪目的，同時保鮮與攜帶不易；特別是批售市場少有提供宰殺服務。
[c] 需徵得同意下進行；另外亦可以膚覺感受市場溫度與溼度。

▲ 圖 3-4　兼顧本章各項 SDGs 範疇之關係圖。完整的食魚教育，應包括從課堂出發到產業場域的踏查體驗，以及包含資源、環境、風土與人文的多元觀點

　　參訪或踏查過程中，若能觀察並記錄耀手正以連珠炮般的語速進行魚貨拍賣，並與圍繞成一圈的承銷人或商販，以極其細微的手指抖動、點頭或面部表情變化相互競價，遠比買到物美價廉的魚貨來的引人入勝，同時值得細細回味再三；而欣賞師傅以簡單刀具搭配流暢動作分切重達 2、300 公斤的鮪魚，也比直接品嚐一口數百元的鮪魚大腹來的有滋有味。更重要的是，藉由造訪產地、踏查場域與認識環境，終究實現也實踐了從產地到餐桌，對於資源、產業與環境，更多的關注與在意。

　　而如果能夠事前鎖定目標或場域，並妥善規劃踏查重點，想必一趟數十分鐘到數小時的觀察與記錄，使能潛移默化的影響我們在消費與生活上的態度。同時藉由專業知識的印證、累積與旁徵博引，除了能讓我們更珍惜資源、節約使用進而保護環境，同時也能從個人、家庭到產業整體，落實 SDGs 中的各項目標。

CHAPTER 4

知識、能力、技術——
在包容與公平中的教育落實
(SDG 4)

國立臺灣海洋大學　臺灣海洋教育中心
張正杰

▷ 前言：教育在永續發展目標的重要性

　　2017 年 9 月聯合國會員國在紐約召開大會，其中一場由全球教育相關領袖參與的會議，主題在於當今教育危機 (education crisis)，教育危機主題為如何遏止了數以百萬計兒童的進步。聯合國祕書長古特瑞斯 (António Guterres) 重申教育在永續發展目標 (SDGs) 中的重要性。教育是人類在環境安全、物質世界溫飽後，得以增進個人能力、知識、技術及自我成長的基本人權。古特瑞斯在聲明中特別指出，教育作為基本人權之一，其所發揮的力量足以杜絕貧困、啟動永續與促進和平。那麼，「教育」這一項「最有效的投資」，目前全球的現況如何？時至今日，全球仍有 2.6 億的兒童與青少年失學，其中大部分是女性，我們首先應該重視那些在貧困國家中，因性別、社會、文化暴力而中斷學業的女孩們。現代化社會正在經歷第 4 次工業革命浪潮，為因應迅速的專業需求變化，終生學習成為每個人應變時勢的必要裝備。全球在二戰後仍頻繁發起不同族群的戰爭，導致各地難民在國境內外遷徙，生命安全都無法受到保障，遑論教育，這樣的惡果導致數以百萬計的兒童失學。皆使得「教育」成為未來 15 年人類發展中的重要目標。

　　永續發展目標 SDGs 第 4 項目標是確保包容和公平的優質教育，並為所有人提供終身學習機會。在世界許多地方，婦女、弱勢族群、原住民和衝突受害者無法獲得基礎教育。這一目標旨在確保到 2030 年，每個人都能獲得公平的基礎教育，以便我們能夠了解周圍的世界，批判性地反思我們的所見所聞，並就我們的健康與福祉

做出適切的選擇。當能夠獲得優質教育時，就能夠開始打破貧窮的循環，了解永續生活，做出健康的選擇，並了解在地社區重要問題。教育為實踐許多其他永續發展目標產生驅力，提升教育品質需要有關永續教育推動，讓學生批判性地思考我們周圍的世界，以及我們的作法和政策對環境的影響，將有助於保持變革。當我們沒有將環境保護主義和永續發展的各個方面納入教育模式和系統時，我們就錯過了教育後代關於我們這個時代重要問題的機會。因此，我們傳遞重要知識改善我們與環境和資源互動的方式，了解我們能力有其限制，從而阻礙下一代的發展。透過目標4希望學生可以有以下發展：

1 將永續發展納入教育和終身學習（正式和非正式教育當中）。

2 了解教育作為公共產品，基本人權以及賦權的基礎價值。

3 規劃教育體驗，幫助創造一個更加永續、公平與和平的世界。

4 提升對全民優質教育重要性的認識，並找到激勵他人就此問題採取行動的方法。

5 理解、識別和促進教育中的性別平等課題。

案例：從「場域端」落實SDGs

海大臺灣海洋教育中心海洋教育者培訓

自2014年發布《十二年國民教育基本教育課程綱要總綱》，以「核心素養」作為課程發展主軸，正式達成SDGs永續發展目標所應具備的能力，其中自發、互動、共好的口號影響著教育現場，同

時從三面九項的內涵皆可找到與永續發展目標對接的關聯性。尤其在 SDGs 目標 4：優質教育，亦是達成其他 16 項指標的方法與管道，換言之，十二年國教與 108 新課綱則可視為達成 SDGs 的策略與途徑。為此，在這波以「素養導向」為當前教育改革的關鍵時刻，教師素養便是決定教學氛圍與教育成敗的重要關鍵，如何從滿足教師的學習需求接軌，搭配議題教育的國際趨勢，強調尊重多元的學習觀點、具備價值分析與澄清反思問題的解決能力，以促進公民教育、永續發展與終身學習的實踐特性，落實 SDGs 中包括以 4 為主，SDG 2、8、9、12、14 為輔的目標。

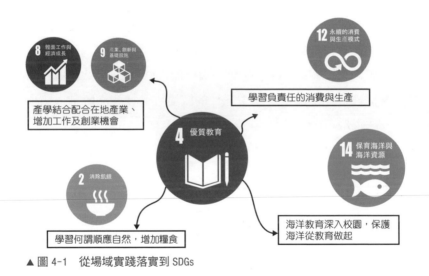

▲ 圖 4-1　從場域實踐落實到 SDGs

　　海大臺灣海洋教育中心是以職前的師資培育與在職教師的回流增能，作為發展「優質教育」的重要目標，並以《海洋教育政策白

皮書》 為核心， 參考聯合國教科文組織的教師政策發展指南 (Teacher Policy Development Guide) 與美國國家公園海洋管理行動指引 (Communication Strategies That Promote Ocean Stewardship Action)，提出強化海洋教育推動機制的具體措施——海洋教育者培訓機制計畫 （UNESCO, 2015；NPSNEOIE, 2010；教育部，2007、2017）。該培訓機制是以建立專業內涵、建置分級課程、規劃培訓增能以及組織社群運作等四大目標，提供正式教育的學校教師與非正式教育的教育人員，深入校園與教育現場實踐永續發展的願景方向，以下提供三階段培訓課程案例，作為海大推廣全國各地海洋教育師資課程的經驗分享（林彥伶、張瑋倫、吳靖國、張正杰，2020）。

▲ 圖 4-2　臺灣海洋教育中心推動海洋教育架構

1.綠階╱初階海洋教育者培訓課程

　　本課程之培訓旨在建立海洋關懷態度及激發服務熱忱，以期吸引大眾投入海洋教育之行列，故需獲得海洋概論用以統整初步知識概念，並引發服務海洋之行動，透過實際參與體驗活動學習如何設計海洋體驗教學，以讓海洋教育者可以在未來的職場中持續推廣海洋。本中心與海大師資培育中心與教育研究所共同合作，招募全國各地師資培育生、在職教師與有意願推廣的教育人員，透過體驗學習融入知情意的活動設計，開展跨領域的學習歷程，並透過經驗的不斷重組深化認知的改變與學習的意義，應用於日常生活的實踐。

表 4-1　綠階╱初階海洋教育者培訓課程

認識午仔魚形態結構與實作一夜干製作過程，深化學員教師對於食魚文化的知識，用以延伸至生活性的跨領域課程設計	配合實地海岸觀察與水文判斷，引導師培生嘗試設計具有水域安全素養的教學思考與活動規劃的課程內容

2.藍階／進階海洋教育者培訓課程

　　本課程之培訓旨在強化海洋教育專業內涵，以期協助綠階／初階教育者與地方推動海洋教育，故需獲得自然科學、社會與人文學科的專業知識，引發實務經驗之行動，透過實際參與海洋增能規劃，學習如何運作專業社群，以在未來擔任種子教師協助指導海洋教育之推廣。為此，本中心與海洋專業系所、學術研究單位以及民間團體，進行授課邀請，透過共備會議，研商採以小組討論的交流型態，用以補足社群教師內多元且不同背景之專業知識與素養內涵，藉由教學演示歷程的互動進行任務探究，學習如何溝通協調、資源整合及情境教學的實務能力。

3.黃階／高階海洋教育者培訓課程

　　本課程之培訓旨在提升參與者之海洋教育視野及專業領導效能，故須整合國內外教育資訊，為此，本中心邀請國內具領導層級之學者專家與組織團體，採以研商共備的方式討論如何解決產學的實務落差，辦理論壇講座，整合各方建議作為提升海洋素養的策略方案，以期促進對於國家發展海洋教育之責任與貢獻。

表 4-2　藍階／進階海洋教育者培訓課程

邀請海大環漁系莊守正教授，以漁業保育視野，帶領社群教師探究該議題的專業素養、了解國際趨勢、國內政策法規與民間行動	邀請海大養殖系黃之暘副教授，以實體水產品的鑑賞，說明如何在生態與資源取得均衡發展，並轉化為永續利用的思維模式

結合國立海洋生物博物館的場域資源，帶領學員了解珊瑚保種與復育狀況，增補生物多樣性的海洋素養內涵	由海大教研所張正杰教授、海生館陳勇輝研究員與童琳茜環教講師，依據學員教學演示歷程，提供修正建議並鼓勵應用於教育現場

表 4-3　黃階／高階海洋教育者培訓課程

即便疫情嚴峻期間，仍採用視訊方式研商永續海洋實際狀況，邀請產官學研各方專家學者共備提升海洋素養的策略方案	依據不同專長面向之黃階／高階海洋教育者，採以論壇講座方式與在職教師、師培生以及參與民眾交互討論對永續海洋的策進建言

海大師資培育中心課程範例——優質教育

　　臺灣四面環海，是一個島嶼國家，海洋的重要性不言可喻，可說是居民日常生活中不可或缺的一個重要因子。由此而論，認識海洋、親近海洋、善用海洋應該是臺灣國民應該具備的重要知識。但教育部的課程規劃中，並沒有將海洋教育列為正式的學習領域，雖然教育部從 2004 年就開始規劃與推動中小學的海洋教育，在 2007 年頒布了《海洋教育政策白皮書》，並於 2008 年公告中小學海洋教育課程綱要，但在「97 課綱」最終是將海洋教育納入國民中小學九年一貫課程綱要重大議題，融入各學習領域。在我國 2006 年頒布的《海洋教育政策白皮書》中指出，國民中、小學相關海洋概念之課程比例尚未達 5%。而海洋教育是以重大議題融入中小學各領域或

各學科的方式來進行，因此除了培養教師有把海洋融入教學領域或科目中的良好設計能力外，提供教師必要的資源是當前最重要的工作之一（羅綸新，2012）。

▲ 圖 4-3　臺灣海洋教育中心優質教育推動圖

　　現行的正式課程中，教科書中所教授的海洋教育內容相當不足；2006 年頒布《海洋教育政策白皮書》也指出，國民中、小學相關海洋概念之課程比例尚未達 5%；教育部更於 2008 年頒布《國民中小學海洋教育議題課程綱要》，可見海洋教育推行實屬迫切。而海洋教

▲ 圖 4-4　十二年國民基本教育海洋教育議題架構

育囿於教學時數限制，只能以重大議題融入的方式進行教學，以致現職教師在正式教學過程中，難以進行海洋教育內容的課程教學；另外許多現職教師進行海洋教育時，缺乏相關的知識與教學方法，也是造成海洋教育推動的困難處。許籐繼 (2010) 指出影響教師推動海洋教育意願的原因之一，是教師自身對海洋知識素養的缺乏，故須深耕教師的海洋教育能力素養，以推動海洋教育。然而當教師的海洋素養不足、海洋概念不正確，又如何能去進行良好的海洋教育教學呢？在教師們面臨這些實施海洋教育上的困境時，運用親海場所讓教師帶領學生親自體驗或參訪來認識海洋、愛護海洋、親近海洋，成為實施海洋教育的另一好選擇。而博物館或科學教育中心「是

終身學習環境，它們在人類學習中起重要作用」(Plakitsi, 2013)。如果教師能利用相關的博物館或科學教育中心來對學生進行海洋教育，相信可以更加有效。基隆市除了將海洋教育列為中小學的發展重點，自 95 學年度起，更在全市國中小推展海洋教育，將海洋教育列為基隆市中小學的發展重點，各學校也發展出不同的特色課程，此外像是基隆海洋日活動，也持續實施，可見海洋教育在基隆的推展成果是卓有成效的，惟較缺乏適當的海洋教育場館提供教師利用。簡國良 (2011) 也指出教師願意帶領學生進行海洋教育戶外教學課程，利用既有的海洋教育場館資源來授課，確實提高了學生的學習意願。第一線教師在培訓師資的過程中未得到的海洋專業素養培訓，多以海洋科學專家蒞校演講，速成式地增進海洋專業內容，難以轉化到學生的授課現場。海洋教育議題對學生來說陌生且困難，對教育現場教師而言，也不啻為一大挑戰。因此，推動國民教育階段的海洋教育，改變國民以陸觀海或重陸輕海的思維，進而培育國民具備正確海洋素養的國際公民，為未來國家發展的重點目標 （Ocean Project, 2009b, 1999；Steel, Smith, Opsommer, Curiel, & Warner-Steel, 2005；Hoegh-Guldberg & Bruno, 2010；羅綸新、黃明蕙、張正杰，2012；許籐繼，2012；邱文彥，2000；教育部，2007；張正杰、楊文正、羅綸新，2014；張正杰、李宜頻、羅綸新，2014）。

相較於臺灣，國外較早開始 **STEM 教育**的研究。Bybee (2013) 指出，STEM 課程注重的是培養 21 世紀新型態的能力 (NGA, 2007; NRC, 2011; Toulmin & Groome, 2007)，其目的在培養每個人具備有解決真實世界問題的知識、態度、技能與能力，以面對快速變遷的現代社會。Dabney 等人 (2012) 認為，學生參與 STEM 教育時，跨學科的討論及學習活動使得 STEM 主題更有意義，並且增加了對 STEM 領域的學習興趣 (Raju & Clayson, 2010; Tindall & Hamil, 2004)。Harrel (2010) 認為 STEM 教育是更適合學生學習自然領域和感知世界的教學方式，因為日常生活中遇到的問題通常包含兩個或兩個以上的學科領域，因此跨領域教學才是合適的。而 Dewaters (2006) 進行的研究表明，學生對跨學科方式來討論 STEM 領域主題感到滿意，這些課程與經驗有助於解決日常生活中遇到的問題。此外，Bingölbali、Monaghan 與 Roper (2007) 發現，跨領域的 STEM 主題式學習活動對學生會產生重大影響——對 STEM 領域及對未來職業選擇持有正向的態度。

STEM 教育包含了科技和工程的學習，Cunningham & Lachapelle (2014) 認為參與科技和工程的學習經驗促進了創造力和高階思考能力，並能促進整個 STEM 學科的整合，在跨學科的討論情境中，亦可改善學習動機及學習成效 (English, 2015; Moundridou & Kaniglonou, 2008)。另外，Moore 等人 (2015) 認為融合了工程思維的 STEM 教育有助於發展學生的 21 世紀關鍵能力，亦可增進學生對 STEM 領域的學習興趣及學習成就。Cantrell 等人 (2006) 在 STEM 課程中運用工程案例進行教學，發現可提升學生科學概念的

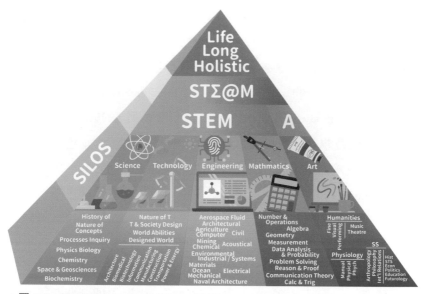

▲ 圖 4-5　STEAM Pyramid (George Yakman, 2018)

學習成效及綜合分析的能力。**Schnittka (2011)** 則運用具體的工程設計實務範例來講解特定的科學概念知識，可以改善學生的概念認知。Ortiz (2015) 透過教學實驗發現，結合數學與工程概念之樂高機器人課程，可以有效地幫助學生學習特定的數學概念知識，並能產生較長時間的學習保留與有效的學習遷移。新世代來臨，傳統教學模式已不能滿足國家人才培育所需，雖然目前臺灣教育模式逐漸改變，但以升學為主要教學，學習為目標的教師、學生卻仍占大多數。教師為了學生考試而教，學生為了考試而學，所學知識無法靈活運用於日常生活及未來工作，造成學生畢業後無法順利進入職場、職場人才短缺問題層出不窮。

　　STEM 教育最主要宗旨為幫助學生遠離零散與破碎的學習和死記程序的方式，把學生學習到的零碎知識與機械過程轉變成一個探究世界相互聯繫不同面向的過程（趙中建，2012）。STEM 教育有別於以往分科上課，而採取科際整合的合科方式教學。分科教學易使學生無法將各科知識連貫、應用，在思考上也較封閉。合科教學可讓學生將所學知識應用於各領域，使學生腦力激盪、促進思考、提升創新、創意與創造力。再者，傳統教學以傳授課本知識為主，學生所學知識常無法應用，STEM 教育重視理論與真實社會、生活經驗的連結，將使學生提升學習動機與興趣，並與工作順利接軌。另一方面，STEM 教育強調團隊合作，為因應未來就業趨勢，在小組討論中學習分工、互助合作、良好的溝通，也落實了 "No child left behind" 的教育理念。Burke (2013) 是由美國國際科技與工程教師學會 (ITEEA) 針對 STEM 教育提出了一套 6E (6E learning by design) 教學模式，6E 分別是參與 (engage)、探索 (explore)、解釋 (explain)、建造 (engineer)、深化 (enrich)、評量 (evaluate)，以學生為中心的教學模式，強化 STEM 教育中的設計 (design) 與探究 (inquiry) 能力，以及問題解決的能力與策略方式。姚經政、林成彥 (2016) 以 STEM 結合 6E 教學模式上，應用在機器人教學，學生成效佳，對於學生邏輯思考與運算思維都有正向的提升。最後，STEM 教育的科際整合、與生活經驗連結、團隊合作等教學特質，再搭配 STEM 教育的核心——動手做，期許能使學生成為具備 21 世紀關鍵能力——批判性思考與問題解決、有效溝通、團隊共創、創造與創新的未來國家人才。本計畫主以 STEM 理論為基礎，6E 教

學模式進行課程，結合探索與實作課程模組，增能師培生，以期落實於現場教學當中，藉以提升海洋素養。

▷ 策略：從「教育政策」落實 SDGs

　　中央政府遷臺初期，臺灣義務教育只有小學 6 年，到了 1968年，則開始推動將 6 年義務教育延長為 9 年，由國家有意識地保障全民義務教育，這也可以算某種「臺灣奇蹟」。所以在臺灣義務教育的普及率這麼高的情況下，SDGs 如何強化「優質教育」就是教育部關注的核心重點，為了提供公平及高品質的教育機會及促進永續發展的教育，我國「教育基本法」已正式公布，內涵為公平原則，充分展現對教育機會公平正義的堅持，而十二年國教的推動以「成就每一個孩子──適性揚才、終身學習」為願景，以學生為學習的主體。希望能兼顧學生的個別需求、尊重多元文化與族群差異、關懷弱勢群體，透過適性教育，激發學生對於學習的渴望與創新的勇氣，並善盡國家公民的責任展現共生智慧，成為具有社會適應力與應變力的終身學習者，以達到「自發」、「互動」、「共好」的基本精神。臺灣在永續發展目標 (SDG 4) 教育手冊中之主要內容包括以 4 為主，SDG 1、10、16、17 為輔的目標。

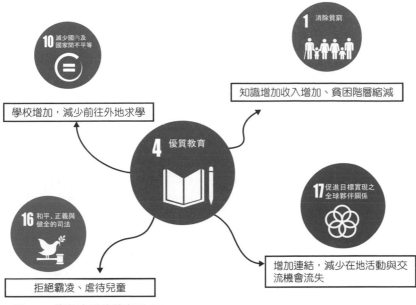

▲ 圖 4-6　從教育脈絡落實到 SDGs

臺灣教育脈絡

　　此目標臺灣大致上國民基本教育已向上延伸至高中,形成十二年國民基本教育。目前需要著重於高品質的教育以及終身學習的機會,這也連結到目前臺灣教育改革,朝向素養導向前進,希冀可以讓學生具有終身學習的素養,藉此培育並提升國民素養,協助國民在社會參與、公民生活、國家發展和終身學習上發揮功效。

優質教育的知識、態度、技能

知識面	態度面	技能面
• 了解教育和全民終身學習機會（正規、非正規和非正式教育）作為永續發展的主要驅動力，旨在改善人們的生活和實現永續發展目標方面的重要作用。 • 了解文化為實現永續發展中的關鍵要素。 • 認識到教育是一項公益事業，符合全世界的共同利益，不僅是一項基本人權，而是保障實現其他權利的基礎。 • 其在獲得教育方面的不平等情況，特別是孩童以及偏鄉地區，並了解缺乏平等獲得優質教育和終身學習機會的原因。	• 能認識到教育的內在價值，並能在個人的發展過程中分析和確定自身的學習需求。 • 理解自身的技能對於改善自己的生活，特別是就業和創業的重要性。 • 透過參與式的方法鼓勵其他人並增強其能力，以要求獲得並利用學習機會。 • 從學習過程能夠親自參與永續發展教育。 • 提高對全民接受優質教育、以人為本的全面教育辦法、永續發展教育及相關辦法的重要性認識。	• 終生都能利用一切機會來完善自己的教育，並在日常生活中運用所學知識促進永續發展。 • 有助於在不同層面促進和落實全民優質教育、永續發展教育以及相關辦法。 • 能夠適時公開要求和支持制定旨在促進以下方面的政策：自由、公平和優質的全民教育、永續發展教育和相關辦法以及安全、無障礙和包容的教育措施。促進增強青少年的能力與教育中的性別平等。

擬議專題、學習方法和方式示例

1.擬議專題

1–1 教育是一項公益事業，符合全世界的共同利益，不僅是一項基本人權，而且是保障實現其他權利的基礎。

1–2 《2030 年教育議程》 以及來自世界各地的創新和成功案例。

1–3 在各級為所有人提供包容、平等的優質教育和終身學習機會（正規、非正規和非正式教育）對於改善人們的生活和永續發展的重要性。

1–4 缺少受教育機會的原因（例如：貧窮、衝突、災難、性別不平等）。

1–5 全球實現認識文字與數字和普及基本技能。

1–6 多樣化和包容的教育。

1–7 21 世紀需要的基本技能和能力。

1–8 促進永續發展所需的知識、價值觀、技能和行為

1–9 永續發展教育 (ESD) 的概念、作為一項推廣永續發展教育關鍵策略的全機構辦法、用於培養促進永續發展能力的教學法。

2.學習方法和方式示例

2–1 在世界不同地區的學校、大學和其他教育機構之間發展夥伴關係。

2–2 規劃並辦理優質教育宣傳活動。

2–3　　在一些社區或國家辦理關於教育系統和受教育機會的案例研究。

2–4　　規劃並辦理學校或地方社區的永續發展教育項目。

2–5　　慶祝聯合國世界青年技能日（7 月 15 日）、國際掃盲日（9 月 8 日）或世界教師日（10 月 5 日），或者參與全球教育行動。

2–6　　在地區和全國組織辦理永續發展教育日活動。

2–7　　制定題為「什麼是永續學校？」的調查專案。

活動：從課堂到實作運用

　　十二年國教之課程中探究與實作課程為重要之規劃內容，以培養學生面對未來環境的能力。Bybee (2010) 指出透過 STEM 整合教育能夠培養學生未來的適應能力、複雜的溝通能力、非常規的問題解決能力、 自我管理的能力與系統思考等 21 世紀重要的能力。STEM 整合教學無疑是提升學生整合能力的方式，將之融入至「海洋教育」或「自然與生活科技」課程當中，透過實作與建模的過程，更能讓學生應用科學知識於實作內容當中，達到統整理論知識與實務的目標。故由 STEM 的跨科素材整合，透過動手實作與多元評量下，來解決真實世界的問題能力（圖 4–7）。

▲ 圖 4-7　STEM 融入課程、跨科與實作

課程實施步驟與方法

(1)研究設計說明

　　本研究將透過行動研究，資料蒐集將透過質性晤談表、錄影觀察上課情況與量化的「海洋科學學習興趣量表」與「海洋科學學習動機量表」來評估。行動研究有四個重要的觀點，它們以動態形式聯結成一個循環步驟，而成為行動研究的「時機」。

A.發展一個批判性計畫，以提供訊息給改進行動。

B.行動——履行計畫。

C.觀察結果，並在行動的脈絡裡判斷所發生的。

D.反省這些結果，作為更進步計畫的基礎。隨後再形成一個行動，而成為一個連續的循環。

⑵研究步驟說明

A.研究架構

本研究架構以 STEM 教學方案設計與 6E 教學模式來進行課程，課程在「海洋教育」與「自然與生活科技教材教法」課程上，其教學設計詳細說明如表 4–4。由於篇幅關係，課程以海洋教育：海洋垃圾議題為例，六堂課，融入 6E 教學模式如表 4–5。

B.研究範圍

教學當中常會融入實作課程，課前會以即時回饋系統（如：Kahoot）了解學生的先備知識。另外，海大有創新科技教師社群，將會定時（每月召開一次）進行交流與反思。評量除了總結性測驗（期中考），也會進行實作評量，採取多元評量的方式進行。課程內容將會放到海大學習平臺❶，包含學生討論的內容、繳交作業區，系統可以使用手機搭配 App 即時回應。質性的分析將透過三角交叉檢核 (triangulation)，指對同一事件使用一個以上的資料來源來進行檢驗，透過多種不同的方法分別使用後，可以從不同面向了解事件

---

❶ tronclass.ntou.edu.tw

的整個情境，提升研究的信度與效度。量化方面，將以海洋科學學習動機量表與海洋科學學習興趣量表為工具，相關的信效度分析經樣本人數 350。

C.實施程序

本研究之教學活動內容涵蓋科學原理 (science)、 科技使用 (technology)、 工程設計 (engineering) 與數學統計與圖表分析 (mathematics)，為一 STEM 教育取向的科際整合課程，期望藉由動手操作的實作活動來建立科學相關領域知識與技能的整合，並能將學科知識應用於實際生活的問題解決。 教學流程以 6E 教學模式，以學生為中心的教學模型目的，是要強化 STEM 教育中的設計與探究能力的培育，來設計相應的教學內容，以提供學生完整的學習歷程，培養學生能從課堂上主動探索的精神。

D.實作評量規準

依照 STEM 工程設計程序在製作過程中顯得非常重要，它教導學生組織想法並根據目的做出判斷，發展學生具有品質較高的問題解決能力 (Hynes, Portsmore, Dare, Milto, Rogers, Hammer, & Carberry, 2011)。根據前述 6E 教學模式來評估學生實作作品，底下舉遙控船舶設計為例， 詳如表 4-5 （修改白張玉山、 楊雅茹，2014）。

表 4-4　STEM 教學方案設計與 6E 教學模式表

堂數	6E	STEM 課程	教學重點
1	一、參與 二、探索	海洋先備知識回顧	・教師了解學生的先備知識 ・讓學生有興趣參與課程
		海洋的重要性、海洋與人類的關係	・讓學生去探索課程主題的內容
2 3	三、解釋 四、建造（建模）	洋流、環流	・學生解釋目前的學習內容，重新建構思考內容，精緻化學習內容
		模擬洋流（操作）	
		海洋垃圾（分類活動）	・應用概念知識，並透過實作讓學生對於課程內容有更深入的了解 ・學生應用科學概念在生活當中，並透過科技來解決問題
		海洋垃圾（來源、種類、數量）	
		海洋垃圾帶（成因、數量）	
		海洋垃圾對生態的影響	
4 5	五、深化	保護海洋的方法	・學生對於議題有更深入的理解，並了解系統的複雜性，需更多的科學知識與科學過程技能來處理面臨的問題點
		清除海洋垃圾的科技	
		製作海洋垃圾清除器（活動）	
6	六、評量	檢測學習成果	・教師評量學生的學習成效，包含認知、態度與技能

表 4-5 6E 教學模式融入實作評量之規準表──以遙控船舶設計為例

6E 程序	工程設計程序	運用在遙控船舶設計為例	評分標準（精熟、基礎、待加強）
參與	定義問題	組裝遙控船舶	依實際狀況評分
探索	找尋資料 發展解決方案	尋找船舶浮力原理、製作方法、相關材料、討論相關科學或數學概念、提出多種船舶浮力概念	依實際狀況評分
解釋	選擇最佳方案	根據科學與科技、實作可行性，進行評估選擇最佳的方案	依實際狀況評分
建造	製作原型測試與評估溝通方案	製作船舶、組裝船舶、是否會漏水、測試是否安穩可漂浮在水面、繪製船舶圖例，小組討論	依實際狀況評分
深化	再設計完成	漏水船舶之解決方法或重新設計，能夠符合船舶遙控的目標。程式控制船舶是否可行	依實際狀況評分
評量	－	檢視自己的遙控船是否可以控制	依實際狀況評分

海洋科技創客──遙控帆船教學模組

以 STEM 理論為基礎，結合探索與實作課程模組「STEM 融入海洋科學學習動機」，培訓教師，落實於現場教學當中，結合海洋情境的展場學習。

表 4-6　遙控帆船教學

將船舶基本的種類及構造知識作簡單的歸納、摘要，把知識系統化，並對水陸二用船作說明與介紹	教師先簡單說明遙控水陸二用帆船的完整製作流程及課堂規則，教師解說 → 遙控水陸二用帆船船體組裝

建構學生基本的海洋科學素養，使學生具備基本海洋科學知識，並透過實作（製作遙控帆船）過程，體驗操船樂趣；亦進一步引發學生探究有關如何改良帆船航行效能的動機	認識、了解有關「浮力」、「風力」知識、理論及應用，完成趣味競賽──水陸二用帆船錦標賽

CHAPTER 5

從海洋環境保護看再生能源發展 (SDG 14 = 7 + 7)

國立臺灣海洋大學　河海工程學系
簡連貴

前言

　　為了應對全球暖化趨勢，各國共同致力於研擬與執行溫室氣體控制計畫，將全球升溫控制在 1.5°C 內，研究指出當全球平均溫度上升 1.5°C 時，將會增加極端天氣事件如暴雨、洪水、旱災、熱浪、颱風等發生的可能性。為了減緩全球平均氣溫上升速率，各國政府與企業紛紛響應 2050 年淨零排放目標，所謂淨零排放指的是達到碳排放平衡，排放與捕捉平衡或是達到零排放。在如此背景下，低碳能源與再生能源發展成為重要目標，然而再生能源的建置、營運與拆除各階段將有可能對環境造成影響。因此若以永續發展觀點探討再生能源，必須同時考量再生能源所帶來減少排放效果與生態環境衝擊。

　　臺灣為響應 2050 年淨零排放目標，頒布《臺灣 2050 淨零排放路徑及策略》，規劃再生能源兩大重要發展主軸：一為太陽光電，二為離岸風電。

　　太陽光電根據設置位置可分為三大類，分別為屋頂型、地面型及水域型。屋頂型即安裝在建築物屋頂，優點在於不僅可以產出電力自用或轉售，更可以達到降低室內溫度、提升屋頂空間使用率等正面效果；地面型太陽光電則適合設置在不適合進行耕作或使用之土地，如沿海高鹽分土地與受汙染無法耕作土地等，可使原先已無使用價值土地發揮其利用價值；水域型太陽光電適合設置在埤塘、滯洪池、水庫、沿岸海域等大面積水域，其優點包括減少蒸發量、減緩優養化現象等，缺點則是太陽能板遮蔽後對於水生動植物產量

的影響、水中溶氧量不足造成生態系統型態改變，或是太陽能板製程是否可能外洩有害物質等。

　　離岸風電指的是設置在海上的風力發電系統，有別於過去設置於陸上，設置於海上可避免風力機運轉時葉片產生的低頻噪音影響周圍環境，並能夠保留珍貴的陸上土地供其他用途使用。然而在海上設置風力機是一件浩大的工程，且可能衍生新的環境影響議題如圖 5-1。在船舶運輸這些風力機至海上安裝時或是完工後進行維護等，仰賴船舶作為零組件或人員運輸工具，過程中船舶能效與汙染排放控制為潛在影響生態環境與海洋酸化議題；而在水下基礎施工過程，長達 60 至 80 公尺的基樁將被打入海床，施工打樁產生的水下噪音對於海洋哺乳類如海豚、鯨魚、海豹等生物可能造成干擾甚至聽力損傷；海豚不是定居生物，海豚會捕獵魚群，而施工及風機運轉所產生的噪音振動，可能會改變海豚覓食的環境，也有可能使海豚離開此一區域，造成此區域海豚數量減少。這是相當需要落實緩解措施的環境影響之一。除了負面影響外，已有許多離岸風力機設置案例顯示風力機水下基礎如同過去將廢棄軍艦或電線杆等人工構造物放置於海中，水下基礎可以作為海洋生物的附著達到人工魚礁聚魚的正面效果如圖 5-2。

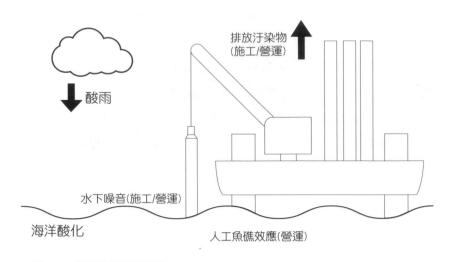

▲ 圖 5-1　離岸風電環境影響

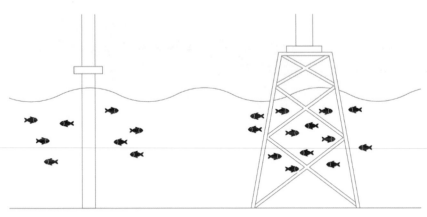

▲ 圖 5-2　人工魚礁效應示意圖

　　綜合前面所提及再生能源與永續發展關聯性，讓我們重新檢視 SDG 14 所提倡目標「保育及永續利用海洋生態系，以確保生物多樣性並防止海洋環境劣化」，強調海洋汙染與海洋酸化防治、海洋與海岸地區生態保育等，對於這些目標後續將以實際案例說明目前再生能源發展所面臨海洋與海岸環境保護議題。

案例

離岸風力機的聚魚效果案例

　　臺灣在過去已有離岸風場設置實績，例如最早完工的示範風場──海洋風場與彰化外海測風塔，邵廣昭等人 (2019) 在《科學月刊》探討風場人工魚礁效應的利弊，顯示在苗栗外海的兩部示範風機具有良好聚魚效果如圖 5-3，在支撐結構柱體上已有多樣的海洋生物附著如珊瑚、牡蠣、藤壺等，且根據四次魚類調查共記錄到超過 50 種以上魚類，顯示風力機人工魚礁效應具有正面效果。在相同研究中，更將風力機、測風塔與鄰近既有人工魚礁區效果進行比較，結論是測風塔所調查得魚種數大於其餘礁型，其餘礁型間無明顯差異，但以數量而論均無明顯差異，顯示風力機與測風塔至少與其他礁型具同等聚魚效果。

▲ 圖 5-3　海洋離岸示範風力機的人工魚礁效果（李淳銘攝影，2017 年 6 月）（圖片
　　　　　來源：邵廣昭等人 (2019)）

離岸風電工作船舶可能產生之汙染

在現行海洋汙染防治法內，離岸風電屬於海域工程，因此必須受海洋汙染防治法管理，其中離岸風電船舶可能造成汙染包括燃燒燃料排放汙染、補給品洩漏風險、意外碰撞汙染洩漏等。

船舶燃燒油品或天然氣等燃料會排放二氧化碳 (CO_2)、氮氧化物 (NO_x)、硫氧化物 (SO_x)，排放多寡依照燃料不同而有差異，這些排放物質將對海洋與環境造成影響，如海洋會捕捉空氣中一部分二氧化碳，溶解於海洋的二氧化碳將促進海洋酸化，而留在空氣中的二氧化碳將加劇溫室效應；氮氧化物、硫氧化物則是會導致酸雨的汙染來源，當雨水的酸鹼值低於 5.0，則符合環保署定義的酸雨，這

些酸雨進入海洋與海岸地區將造成環境影響。此外，船舶若發生碰撞意外，可能發生漏油事故，對於海洋生態將直接造成影響。因此無論是場址申請或是環境影響評估等程序，對於海域作業節能減碳措施及海上交通潛在風險均應納入考量。

離岸風電施工、運轉產生水下噪音

離岸風力機水下基礎需使用工作船舶將基樁打入海床，過程中的施工噪音對於海洋生物而言，就如同我們日常生活中聽到馬路施工、工地施工等噪音，輕則影響我們日常生活，重則影響聽力，對於仰賴聲音進行溝通的海洋生物亦同，如果我們無法接受此等噪音，更又豈能強迫海洋生物在近距離範圍強迫收聽離岸工程所產生的噪音，目前環境影響評估要求離岸風力機打樁噪音低於 160 分貝甚至更嚴格，透過不同緩解、減噪防治措施降低水下噪音之衝擊。

太陽光電水下生態型態影響

太陽光電板主要水下生態影響是由於太陽能板遮蔽所降低光線量穿透影響水生動植物生活環境，或是太陽能板製造過程汙染物洩漏，這些是過去民眾常見疑慮，亦是在不成熟的工藝與規劃設計下產生的問題，若周詳考慮生命週期潛在環境影響，應能在產能與生態環境間尋得一平衡點或解決方案。

策略

船舶所造成汙染

　　以燃燒燃料所排放汙染物為例，對於新造船減碳採取方式，一為船型最佳化，降低船體行進所受流體阻力，即船舶能更輕鬆地在海水中穿梭；二採用節能裝置，通常位於船尾螺槳，最佳化螺槳前後流場，能夠提升燃油使用效率；三為採用更高能源效率主機或使用排放更少的燃料，從效率與燃料根本改善排放。

　　針對已經完工的船舶，常見減排方式包括監控引擎出力限制，即降低航行速率，在同樣航程內可大幅降低排放；工作船舶使用含硫量 0.5% 以下之燃料油以及運用氣象導航，提供船隊即時天氣資訊以預先規劃航程，最佳化航線路徑以降低排放。

水下噪音緩解策略

　　為降低水下噪音，會採取許多防治策略如圖 5-4，在打樁處設置 750 公尺半徑禁區，在半徑 750 至 1500 公尺則設置數艘水下噪音監測船；風場範圍及中華白海豚重要棲息環境及範圍進行水下聲學監測；同一時間各開發商最多進行一支風力機組基樁打樁作業，必要時在水下打樁機具周圍鋪設水下氣泡幕，可大幅減低噪音強度達 10～20 dB 及施工作業船隻進行船速管制，全方位掌握水下噪音汙染，距打樁位置 750 m 處水下噪音閾值不超過 160 dB (SEL) 且於打樁前與打樁過程中派鯨豚觀察員確認禁區外是否有鯨豚出現於監

測區內，確認無鯨豚出沒後，打樁活動必須由輕慢慢加重，使鯨豚得以及時迴避。最晚於日落前 1～2 小時開始新設風機打樁作業。

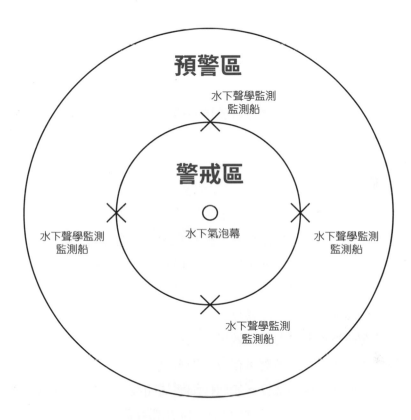

▲ 圖 5-4　打樁施工水下噪音防治策略

太陽光電製造過程汙染防治

太陽能板生產過程需要進行晶體切割，若製程設計不當如使用金屬線切割，所產生之廢切削液可能含有重金屬，過程中產生廢液若無特殊處理直接排放，可能造成水汙染，目前切割線材質以鑽石切割為主，不會產生含有重金屬廢切削液。太陽能板內矽晶體電池製造產生汙水同樣須經過處理，這些矽晶體多在科學園區廠區內製造，所有汙水需要經過處理合於標準後排放。

論述

再生能源發展對於海洋、海岸地區水下生態或海洋酸化的影響，隨著技術與產業發展，訂定愈加嚴格的法規與標準，除了保護海洋與海岸環境，更是保障全世界都能有永續發展的權利。本文探討離岸風電與太陽光電對海洋環境或水環境影響，以船舶排放汙染、噪音汙染、製造汙水排放等負面環境影響，說明在追求再生能源過程中，對於環境與生態的影響是不可被忽略的，雖然有負面影響，但再生能源設置並非沒有正面效果，以離岸風電為例，除了發電過程零排放外，人工魚礁效應可在風力機水下基礎周圍產生人工魚礁效應，增加區域生物多樣性。如何仔細評估開發行為的利弊與應對策略，選擇合適的方法將是達到 SDG 14 相當關鍵的一步。

▷ 活動

1. 龍鳳漁港——不出海也能一覽離岸風場的壯闊
2. 風跡沙灘——休閒遊憩、觀賞夕陽與風機共舞

推薦前往時間

下午 4 至 6 時，在風跡沙灘可同時觀賞海側的離岸風機與陸側的陸域風機，附近除沙灘外設有自行車道可一路騎乘至新竹，日落時在龍鳳漁港海堤或風跡沙灘均可見夕陽落於成群離岸風機當中。

交通方式

1. 開車：從國道 3 號 115 西濱出口下交流道後向右轉，進入龍江街直行約 500 公尺即可到達龍鳳漁港，附近設有龍鳳停車場可供停車。
2. 大眾運輸：搭乘臺鐵至竹南車站後轉乘苗栗客運 5813，自竹南站搭乘至布查花園站後沿龍江街步行約 15 分鐘。
3. 共享單車：竹南火車站西站或東站均有設站點，沿博愛路騎乘約 300 公尺後進入延平路，沿延平路騎乘約 700 公尺後在環市路三段路口直行進入龍天路後，騎乘 450 公尺左轉進入龍山路一段 330 巷騎乘約 200 公尺，接著走龍江街，騎乘約 1 公里即可到達龍鳳漁港，龍鳳漁港設有共享單車站可供歸還與租賃單車，車程約 15 至 20 分鐘。

活動重點

可同時觀賞到離岸風機與陸域風機，觀察陸域風機或離岸風機對視覺景觀影響，且近距離靠近陸域風機可觀察其低頻噪音與炫影等，雖然難以直接體驗離岸風機施工或運轉對海洋生態造成影響，但透過觀察可體驗離岸風機或陸域風機的尺寸差異，要將如此大尺寸的結構物設置在海上是相當不容易的。

 除了風力發電與太陽能發電以外，尚有許多不同形式再生能源，請想想看又有哪些再生能源與海洋、海岸及水域有關呢？

除了離岸風電外，海洋能是直接擷取海洋營力作為發電來源的再生能源，常見海洋能源包括波浪能、潮汐能、海流能、海洋溫差能、海水鹽差能等形式，雖然目前世界上海洋能源應用實例與離岸風電相比仍有一段努力空間，不過在各國致力於發展再生能源下，海洋能將是未來十年內的明日之星，此類新興能源屆時同樣會面臨在生命週期不同階段對海洋生態環境產生影響的可能，更仰賴進一步研究與工程實例監測改善與應對。

 在追求再生能源發展的同時，我們該如何確保環境、社會與經濟共同受到充分討論與關注？

　　永續發展的目標即是透過多種面向目標，促進共榮的情境。永續發展目標之間是環環相扣的，因此進行通盤規劃，除評估開發行為對環境影響外，匯集利益相關人參與溝通，透過利益相關人與跨部會協商，妥善使用與管理空間有助於減少與社會經濟競合。

危機即是轉機，我們是否能夠透過研究、實地調查及監測等方法，將對環境造成風險降至最低，如太陽光電的製程與除役組件回收的汙染問題，如何有效降低這些潛在造成汙染的風險呢？

　　隨著研究與技術發展，對生命週期各階段環境影響掌握程度提升，可預先評估潛在環境衝擊，擬定在製造過程、營運與除役階段相應緩解措施，如何評估這些緩解措施的效果與成本，並落實所訂定緩解策略，是降低對海洋環境的最重要關鍵。

CHAPTER 6

如何透過海洋科技改善人類貧窮與食物不平權問題？

SDG 10 = SDG 14 － (SDG 1 × SDG 2)²

國立臺灣海洋大學　食品安全與風險管理研究所

林詠凱

國立臺灣海洋大學　水產養殖學系

徐德華　龔紘毅　黃章文

食物正義 (food justice) 與食物平權 (food security)

　　全球有將近 8 億的人口生活在飢餓中，其中以非洲和亞洲的開發中國家最為嚴重（圖 6-2 與圖 6-3）。許多孩童營養不良，死於饑饉，這也是聯合國於 2015 年將「終結飢餓」(zero hunger) 列為第二個永續發展目標 (SDG 2) 的主因。據聯合國兒童基金會資訊，以 2012 年為基準年，2015 年低出生體重比例降低約 1%。2020 年相較於 2012 年純母乳餵養比例降低了 6%；五歲以下孩童消瘦比例降低 1%，五歲以下孩童超重比例降低 1%，而 15～49 歲女性貧血比例降低了 2%，成人肥胖比例亦降低 2%。低收入和中等偏下收入國家在發育遲緩、消瘦、低出生體重和貧血病例方面的負擔最大，而中等偏上和高收入國家在肥胖病例方面的負擔最大。

　　農糧作物基因全解碼的今天，為什麼人會飢餓？這不僅是一個科學問題，也是一個哲學問題。永續發展指標中除了目標一消除貧窮 (SDG 1)、 目標二零飢餓 (SDG 2) 以外也與目標十消除不平等 (SDG 10) 產生了緊密連結。2010 年聯合國發表的研究報告將食物平權的「獲得合宜食物的權利」(The right to adequate food) 中提到「食物正義」(food justice) 可區分為三個面向：可取得性 (availability)、適切性 (adequacy) 與永續性 (sustainability)。以鮪魚為例，其中優質的蛋白質、維生素與魚油除了讓人類飽足外，對於健康也多所助益。在某些情境下人類無法取得鮪魚則為可取得性被限制；若取得的鮪魚在保存過程中接近腐敗，或有重金屬與藥物殘留問題，則

為「適切性」問題；鮪魚來自遠洋漁撈，撈捕的方法不僅使用非法的拖網，且在航程中有虐待與雇用童工問題，則為「永續性」問題。

　　2020 年以降，更值得關切的議題是 Covid-19 疫情對貧窮人口的衝擊，以 2021 年為基準年，全世界共有 7.02 億至 8.28 億人面臨飢餓。按照預測範圍的中間值（7.68 億人）與 2020 年相比，2021年受飢餓影響的人數增加 4600 萬；自 2019 年以來，受飢餓影響的人數比疫情前共增加 1.5 億，顯見疫情對於世界正常運作的衝擊，讓貧窮與飢餓加乘，且是開平方的困境，讓生活難上加難。

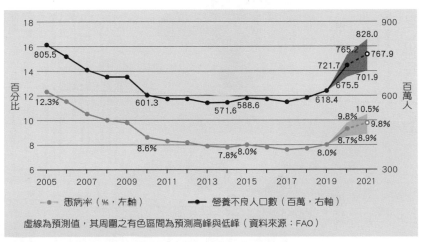

虛線為預測值，其周圍之有色區間為預測高峰與低峰（資料來源：FAO）

▲ 圖 6-1　Covid-19 爆發以來對全球飢餓人口百分比的影響

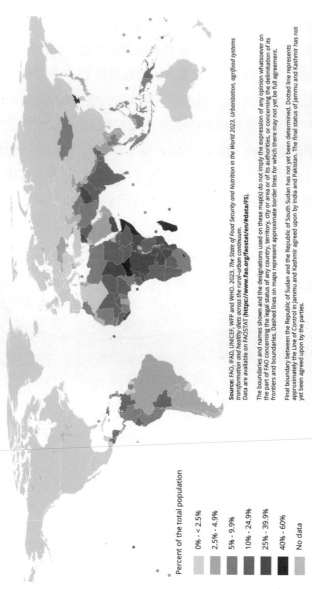

▲ 圖 6-2　FAO 的飢餓地圖 (hunger map)。以 2019～2021 年為基準年統計，與我們鄰近的東北亞僅有北韓是有高達 40～60% 人口處於營養不良 (undernourished) 處境中，部分東南亞有 5～9.9% 人口處於營養不良。大部分的非洲國家高比例人口處於營養不良

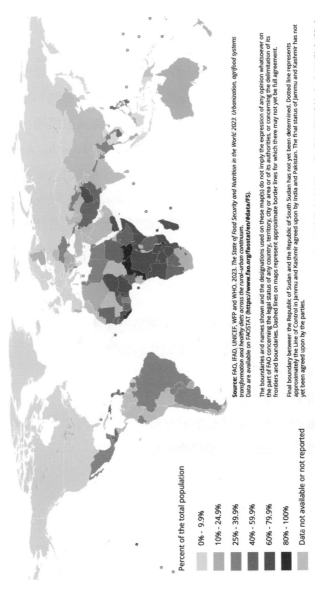

▲ 圖 6-3　FAO 的食物不平權地圖 (food insecurity map)。以 2019～2021 年為基準年統計，與我們鄰近的東北亞洲有蒙古是有高達 25～39.9% 人口處於食物不平權境境中，大部分東南亞國家有 40～59.9% 人口處於食物不平權處境。大部分的非洲國家高比例人口處於食物不平權處境。

食物不平權與肥胖？

除在低收入國家外，高收入國家的肥胖也是食物平權問題的重要議題。在美國，曾經有論文研究肥胖與貧窮間的關係……，這是一個複雜的社會問題，在低收入國家面臨貧血問題，但在高收入國家貧窮人口卻走入肥胖的人生危機。據 Trust for America's Health (TFAH) 2022 年的年報 *The State of Obesity* 指出，美國收入愈低的州有愈嚴重的肥胖問題。另據 Food Research and Action Center (FRAC) 於 2015 年提出食物平權與肥胖間的關係，認為肥胖與食物不平權密切相關並列出 7 點，人類為何無法在食物不平權下維持健康的行為與飲食：

1 有限的資源

2 欠缺健康與可負擔食物連結的機會

3 反覆食物剝奪／過度飲食的循環

4 高度緊張焦慮與憂慮

5 較少運動的機會

6 較高機率暴露於肥胖促進食物行銷與

7 限制與健康照顧機構的連結

小結

食物的功能與價值不應只有飽足，進而甚要考慮群眾是否獲得合宜的食物，否則就會造成食物不平權或食物正義問題，食物生產都應考量可取得性、適切性與永續性。

利用 3D 列印仿生樂齡牛排消除食物不平權問題

筆者非常喜歡吃夜市牛排，牛排在鐵板上滋滋作響，放到燒紅的鐵盤上，再淋上蒜頭與黑胡椒混合的醬汁，是充滿視覺、聽覺、嗅覺、味覺與觸覺的五感饗宴。但牛排用印的可以吃？那是像紙張一樣咻咻印出來的嗎？還用人工智慧演算，真的假的？

在新冠疫情衝擊下，牛肉的供應鏈仍在重建中，據富比士報導，牛肉的價格是過去 30 年來最貴的一刻，估計牛肉的通貨膨脹達 33%。牛肉是營養豐富的食物，但也同時是生產過程中碳排放量最高的食物。據聯合國預測至 2050 年全球總人口將突破 90 億，如何兼顧聯合國 SDG 2「零飢餓」指標開發植物基的牛排食品是全球食品工業的難題。食品 3D 列印可以在短時間內獲得想要的形狀與質地，被認為是有機會突破難關未來的食品技術，但由於蛋白質較難塑造堆疊，且難以仿造肌肉組織之故，國際之間極少有學者能開發 3D 列印牛排。

林詠凱教授早在 2020 年就預見這一個需求，並認為 3D 列印會是一個好方法，但有以下難題：⑴如何讓蛋白質／多醣／水的混合物能夠堆疊起來不崩塌？⑵如何提高解析度印出細緻的牛肉紋路？⑶風味是否能與牛排比擬？⑷合理的單價與成本？（圖 6-4）

林詠凱教授與蔡承融同學試著從大海裡找答案，在蛋白質選擇避開風味不佳的黃豆蛋白而選用風味特殊的豌豆蛋白及熱凝固性的卵清蛋白，使用了膠體三仙膠與褐藻酸鈉，使用一部分的昆布萃取

▲ 圖 6-4　以海大為名的 3D 列印人造牛排

物讓風味更加豐富。初步測試發現難上加難，膠體不是太稀薄就是太濃稠無法列印，每個晚上蔡同學都會列印一些樣品，為了怕浪費隔天就變成林教授的早餐，從這些錯誤的經驗中找到一個可行的方案，就是蛋白質應模仿肌肉控制在 12～18% 間，另外三仙膠與褐藻酸鈉的添加可增加安定性但不宜過量，最後他們選用了一種最佳化軟體 (optimization software) 去計算最佳的配方，這是一種輸入數據後讓人工智慧去選擇合宜參數的方法，圖形像是等高線圖與山丘，故被稱為反應區面法 (response surface methodology, RSM)。結果很有趣的是人工牛排的硬度與彈性可以差距 5 倍之多，也就是能夠透過軟體計算去調整不同的質感來符合不同年齡族群的喜好與需求。

臺灣即將邁入超高齡社會，許多長者因牙口功能退化、吞嚥困難，無法享受美食也容易營養不良，運用 3D 列印技術打造合適老年人吃的蛋奶素仿生牛排，且仿生牛排所使用的材料成本低，可以改善全球農糧危機、減少動物無謂犧牲並減少畜牧產業對環境的衝擊，最重要的是讓貧窮的人在農糧危機中也能吃得起牛排，減少食物不平權的問題！

林詠凱教授與蔡承融同學將前述研究成果在跨年夜投稿❶，不到一個月即被國際期刊 *Future Foods*（未來食品）接受發表。「我們是第一個被刊登在 *Future Foods* 的臺灣團隊」，第一作者蔡承融同學就讀食科系四年級，該主題兼具創新、永續與社會意識，能獨立完成研究並挑戰國際舞臺誠屬難能可貴。

未來，該仿生牛排除以 3D 列印，也可以使用調理粉包方式，加入適當比例的水後以果汁機均質，注入一般容器（模具）微波後製成仿生牛排。這樣的仿生牛排就像是膠囊咖啡與泡麵的混合體，下班回家只要拿出粉包放入果汁機打勻後再放到微波爐裡就是一塊牛排。對於長輩而言，此一牛排除了有豐富的蛋白質可預防肌少症 (Sarcopenia) 外，也能加入魚油、銀杏、植化素等功能性成分形成優異的機能性載體 (functional ingredients vehicle)。

---

❶ https://www.sciencedirect.com/science/article/pii/S2666833522000090?via%3Dihub

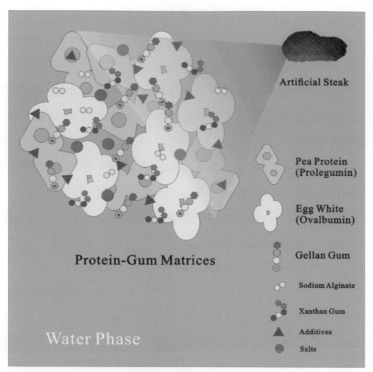

▲ 圖 6-5　人造牛排的分子設計概念

▲ 圖 6-6　牛排用印的可吃！海大師生 3D 列印仿生牛排國際期刊發表

小結

1. 牛肉為什麼會變貴？雞蛋是最營養的食物，但價格也可能會讓人無法負擔，為了實踐永續，你願意付出多少代價？
2. 牛排只有富人吃得起，但食品科學可以改變這件事。
3. 3D 列印很有可能是未來食物的一種加工形式，想像你現在在太空船內，面對寂寞漫長的旅程，你會選擇列印出怎樣的食物？
4. 未來的微波爐也許都會內建 3D 列印機，加上了微波定型，變成一種 4D 堆疊的食物加工方法。

臺灣版的 GIFT 故事

你聽過 GIFT (Genetically Improved Farmed Tilapia) 嗎？GIFT 對於許多開發中國家就像上天的恩賜一樣，消除了飢餓並弭平了食物平權的問題，是兼顧環境與經濟友善的永續成就。

隨著世界人口的增加，預計在 2050 年世界人口將會超過 90 億，對於魚類的需求也愈來愈高。大部分野生魚群會因為漁／棲地的環境汙染、氣候變遷與過度開發導致魚類生產已達最大持續生產量。從植物到動物、從可食用到觀賞性為主的品種，早在遺傳學觀念尚未完整建立前，人類就已經開始培育、篩選生物品種，並挑出想保留的性狀、排除不要的性狀，再透過繁殖代代相傳。過去的傳統育種法行之有年，藉由不同品種／品系的生物進行雜交、回交 (back cross) 或誘變獲得遺傳性狀變異的後代，再經過選育找出特性

符合目標需求者，直至培育出新品種，這對全球的農糧安全極為重要。

根據 Worldfish Center (WC) 1980 年對於尼羅吳郭魚的研究發現，養殖發展面臨種苗品質不佳與生長緩慢問題，因此專家認為吳郭魚養殖的成敗乃仰賴品種改良與提升養殖效率。1988 年聯合國發展計畫處 (UNDP) 與開發銀行補助，WC 建立與挪威、菲律賓等單位進行尼羅吳郭魚的品種改良計畫。為了建立廣泛的基因庫來改進現階段吳郭魚窄化的遺傳變異率，1988 年到 1999 年將野生種尼羅魚由非洲迦納、埃及、肯亞與塞內加爾引進菲律賓，而養殖魚則引自以色列、新加坡、臺灣與泰國。透過了解形態與遺傳上的差異，將差異較大之品系雜交來提高遺傳變異率。許多開發中國家如緬甸、中國、馬來西亞、斐濟、泰國及越南等均接受 GIFT 品系，例如在越南甚至選育出具有抗低溫的 GIFT，除了改善平均增重外，也改善了在不同飼養環境下的存活率，改善了當地人民的蛋白質飲食與經濟收入。

據行政院衛福部食品營養成分資料庫，每 100 公克吳郭魚肉含 20.1 公克之蛋白質。而吳郭魚屬於容易養殖的魚種，但水溫低於 8.5°C 就很容易暴斃。面對極端氣候環境，海大水產養殖學系團隊運用現代分子生物標記探勘工具，搭配模擬冬季寒流低溫環境，準確篩選與驗證種魚抗寒基因並建立品系，選育出具有耐 7°C 低溫能力的吳郭魚耐寒品系，成果刊登於瑞士國際期刊 *Animals*。

農委會推廣溫度參數養殖水產保險保單對象，包括石斑魚、虱目魚、鱸魚、吳郭魚等 4 種養殖魚類，保單理賠條件為氣溫低於攝

氏 10 度持續 10 小時以上，即啟動理賠，可見吳郭魚是不耐寒的養殖魚種之一。海大水產養殖學系水產育種團隊 (TABT) 由黃章文、龔紘毅、徐德華教授領軍耗時 5 年建立一套優質種魚體表型數據蒐集與 SNP 基因型輔助挑選策略的遺傳管理方法，並培育出具耐寒特性的吳郭魚。

▲ 圖 6-7　海大團隊以分子生物標記探勘工具搭配模擬寒流低溫環境，選育出耐寒品系臺灣鯛可耐 7℃ 水溫，登國際期刊 *Animals*

實驗室模擬寒流來襲情境，耐寒品系的吳郭魚在水溫降至 7℃ 仍可存活，且連續 48 小時處於 10℃ 的水溫下，存活率高達 90% 以上，黃章文說：「耐低溫的魚在霸王寒流下仍可存活，就能減少養殖損失」，此耐寒品系在冬季可避免寒流造成的寒害，可減少養殖漁獲 2 至 3 成的損失。

耐寒品系吳郭魚在正常溫度下，成長速度與市售吳郭魚品種差不多，但若曝露於低溫，其耐受度明顯較高。黃章文表示，許多研究指出在低溫環境下，魚油中的機能性成分 DHA 及 EPA 脂肪酸含量較高，因此，他們計畫未來要研發功能性水產品，提供精準醫療領域之用。

黃章文透露，團隊下一個要發表的吳郭魚品系特色為耐鹽，以海水養殖吳郭魚可以為魚肉增加甜味，但他們研發的耐鹽品系吳郭魚，可提高魚肉中的精胺酸、麩胱胺酸等游離胺基酸及脂肪酸的含量，讓吳郭魚的肉質吃起來具有海水魚的口感，可提升吳郭魚經濟

價值，提高養殖漁民收益。

　　TABT 團隊提到，東南亞對於臺灣鯛（吳郭魚）種苗需求極高，臺灣的遺傳育種技術十分成功，除了篩選抗逆境、抗鏈球菌等性狀外，透過基因選育技術，維持臺灣鯛耐寒品系，並積極應用在水產養殖國家，除提供優質蛋白質餵飽全球人口外，並可透過減少氣候變遷風險提升養殖人口與收益，幫助低收入國家人口脫貧。

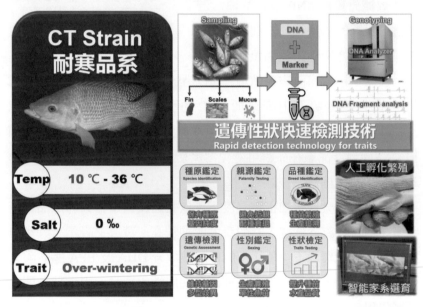

▲ 圖 6-8　TABT 長期對臺灣鯛耐寒品系功能基因體分子標記與人工智慧辨識等精準選育科技平臺進行深度研究

　　該團隊最新的研究是基因編輯技術，基因編輯是以生物技術編輯目標基因，從而獲得理想性狀的技術。此技術可不引進外源基因，

大幅縮短育種時間，得到與傳統育種、自然突變或化學誘變相似的結果。龔紘毅老師利用 CRISPR-Cas9 研發出高取肉率的「海大壯鯛一號」。

　　基因編輯原理是以酵素精準地「切開」特定位置的 DNA，使 DNA 發生雙股斷裂 (double-strand brcak, DSB)，並誘發 DNA 修復 (DNA repair) 機制。在 DNA 自行修復的過程中，就有機會在連結斷裂點時產生單一或多個鹼基的缺失、修改、置換或插入。2020 年，龔紘毅帶領研究團隊研發出高取肉率的吳郭魚「海大壯鯛一號」(NTOU Mighty Tilapia No. 1, MT1) 品系，就是臺灣少數成功的精準育種案例。

　　傳統尼羅吳郭魚 (*Oreochromis niloticus*) 養殖時，由於雄魚體型發育優於雌魚，因此業界通常在小魚性別決定期間投餵添加雄性激素飼料或不同種間雜交 (如尼羅雌魚與奧利亞公魚雜交)，以達到單雄性養殖之目的。龔紘毅團隊藉由 CRISPR-Cas9 精準突變尼羅吳郭魚海大 NT1 品系的肌肉生長抑制素 b (MSTNb) 基因，肌肉生長抑制素 (myostatin) 又名為第八生長分化因子-8 (growth and differentiation factor-8, GDF-8)，主要的作用為抑制肌肉過度增生，可試想它是肌肉增生的煞車，而透過調控這個基因可以增加動物的取肉率 (瘦肉率)，在自然界有許多動物基因突變後會有這種性狀表現。TABT 團隊所研發的「海大壯鯛一號」品系相較於原品系，新品系的背部、腹部及兩側肌肉大幅增生，體高、體寬及體重也顯著增加，取肉率約從 30% 提高到 52%。而且雌魚與雄魚成魚均明顯表現肌肉大幅增生的高取肉率性狀 (圖 6–9)，現已繁殖至 F3 子代。

此一技術對於「人道飼養」與「動物福祉」也有極大助益。過去為了特定性別的經濟價值不同，人類會在雛雞階段篩選掉雄雞，或是在乳牛幼年時淘汰公牛，甚至是在水產使用特定激素去誘導單性生殖。透過基因編輯可以避免單一性別被銷毀是有助動物福祉的具體作為。

▲ 圖 6-9　尼羅吳郭魚基因編輯後的差異：⒜基因編輯後的「海大壯鯛一號」MT1 品系母魚；⒝育種前原尼羅吳郭魚品系 NT1 品系母魚

　　基因編輯是否應視同基因改造作物 (GMOs) 進行規範，龔紘毅老師表示，歐盟執委會 (European Commission) 已於 2021 年 4 月 29日公布「歐盟法律下之新興基因體技術現況」報告，認可使用基因編輯的精準育種符合綠色新政核心策略、轉型永續性糧食體系，且

基因編輯技術的風險等同於傳統育種，不應視為 GMO 監管，應使民眾多了解，收集民眾意見加以評估。歐盟預計於 2023 年可望修改管制方向，同意在不引進外源基因的情況下，以基因編輯精準育種可視同傳統育種管理。國際間已經有愈來愈多基因編輯產品商品化，以鄰近的日本為例，於 2021 年已經有三種基因編輯食品上市：含高 GABA 營養素的番茄、高取肉率的真鯛及促進生長性狀的虎河豚等，也獲得日本市場的正面回應。臺灣與日本同為水產與生物技術大國，基因編輯技術不若基因改造，沒有外源基因的問題，對於科學的進步我們應熱烈充滿期待，正擬訂相關法規的臺灣可參考日本作法盡快制定適度監管的法規，才能鼓勵產業研發並與國際接軌。

生態復育縮短從漁場到餐桌的貧富差距

　　隨著全球耕地不斷遭到侵蝕減少，導致陸地糧食逐漸短缺（圖 6–10），來自海洋的漁業資源除已成為全球人類重要之食物來源外，亦為各海洋國家重要經濟、貿易及海洋休閒娛樂之重要資產。由於全球人口不斷增加，漁業資源占人類糧食、經濟及貿易之比例亦逐漸提高。但根據統計數字近海漁業資源從 1980 年的 408201 公噸至 2020 年銳減為 174562 公噸，主要原因不外乎氣候變遷、環境破壞與生物資源的過度利用。聯合國糧農組織《海洋撈捕漁業之魚和漁產品生態標章準則》中指出，認證永續海鮮須針對「確保魚群永續」、「保護海洋環境」與「有效漁業管理」三點來評估。

　　近海漁業資源的減少，不僅帶來經濟上的衝擊，許多原本可在近海的水產必須仰賴進口，使得本土水產行業放棄了永續升級的機

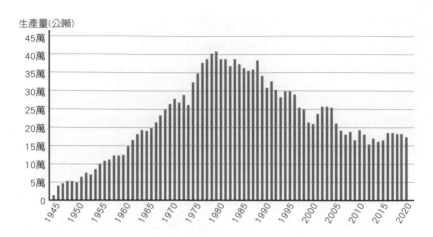

生產量(公噸)

▲ 圖 6-10　近海漁業生產量的消長

會，難以推動永續漁業管理，如實施禁漁區、禁漁期，友善漁工所需的機械設備汰舊換新或是更好的薪資待遇。

　　徐德華老師自 2014 年連續 9 年駐點新北市復育園區，建立並管理貢寮水生中心，帶領研究夥伴串連在地居民、漁民、漁會、保育團體、新北公務人員等，共同進行資源復育工作。除「建構場域」外，針對東北角在地物種如虎斑烏賊與鏽斑蟳等進行「生態復育」。

　　生態復育是指恢復被損害的生態系統到接近於被損害前自然狀況的管理過程，除了以生物學特徵為基礎外，也考量重建該系統干擾前及有關物理與化學特徵的結構與功能之進程。

　　虎斑烏賊 (Sepia pharaonic, cuttlefish) 俗稱「花枝」，徐德華老師團隊針對花枝卵孵化、幼苗飼育、馴餌設計、輔助燈光、種苗運輸與放流方法設計許多方法與裝置（表 6–1）。

表 6–1　虎斑烏賊的人工繁殖

打造花枝的愛情旅館	花枝卵的收集與孵化
人工挑選	收苗
培育	放流

其中最為著稱的是人工餌料 (artificial feed) 的開發，在虎斑烏賊的人工飼養除了須注意培育環境外，也應注意不同餌料對於存活率之影響，由於頭足類生物 (cephalopods) 的生命期僅有 1～2 年之短，故要設法提高在人工飼養期間對於人工餌料的接受度。徐德華老師團隊發現相較於桿狀與平面飼料，虎斑烏賊偏好球狀飼料；2 mm 顆粒較大的飼料或包裹了動物膠 (gelatin) 與蝦漿 (shrimp surimi) 的飼料最受歡迎（圖 6-11）。

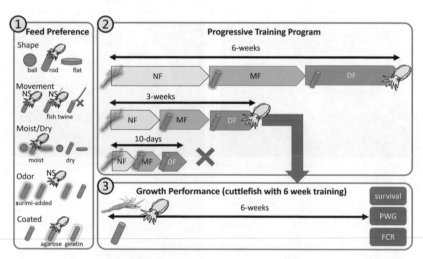

▲ 圖 6-11　不同餌料形式對虎斑烏賊生長效率之影響，透過馴養後虎斑烏賊能夠適應人工餌料，並有比較好的生長效率

　　鏽斑蟳 (*Charybdis feriatus*, Crucifix crab)，俗稱花蟹，大型蟹類，頭胸甲寬，呈六角形，體色為淺橘色，具多道深褐色斑，螯足各節上面密布紅褐色網狀花紋，成蟹可達 20 公分。廣泛分布於印度－西太平洋溫暖海域，臺灣以東北角、北部和西部的產量較豐。花蟹為東南亞各國的重要經濟性食用蟹類，常見於沙泥底質、水深少於 50 公尺的淺海。捕獲方式主要使用底拖網及蟹籠。在臺灣北部捕獲的經濟蟹類中，以鏽斑蟳之價格最高，體型也最大，與三點蟹、石蟳併稱為萬里蟹。

　　據 2023 年修正公告之「沿近海漁船捕撈蟳蟹類漁獲管制措施」，規範甲殼寬（指蟳蟹類背甲橫向兩側最寬之距離）未滿 9 公分（圖 6-12），每年 8 月 1 日至 12 月 31 日，將受精卵抱於體外腹側之母蟳蟹（俗稱開花母蟹），均不得捕撈。前述法律主要是希望保護鏽斑蟳能成長至性成熟並繁衍後代，彰顯了鏽斑蟳在生物資源的重要性。

▲ 圖 6-12　鏽斑蟳之捕撈限制，從甲殼寬 7 公分一直演變到今日的 9 公分，彰顯臺灣對於漁業生態資源復育的決心

　　鏽斑蟳人工繁養殖技術的研發充滿了挑戰，首要任務是提供優質的「餌料生物」，特別是鏽斑蟳蚤狀幼體（第 4 期至第 6 期）的開口投餵餌料更是一大難題，2020 年徐德華老師與潘彥儒老師取卵澳灣的海水養殖各類海洋生物，潘博士從卵澳灣的海水中分離並培養出各種橈足類生物，徐德華老師再將這些橈腳類生物擴大培育並分

別投餵給鏽斑蟳幼苗，發現到鏽斑蟳幼苗吃了「石垣偽鏢水蚤」後成長狀況良好，經過多次培養試驗確定「石垣偽鏢水蚤」具有在純海水環境中存活和快速增殖的特性，對於滿足花蟹幼苗的營養需求具有非常可觀的應用價值，可使更多的花蟹幼苗順利蛻變為大眼幼體。

由於鏽斑蟳人工養殖時，在亞成體 (juvenile) 階段常有頻繁脫殼與自相殘食的現象使存活率降低，故徐德華老師團隊進一步研究不同躲避物與活獵物對於鏽斑蟳存活率改善之影響 (圖 6-13)，結果發現在高密度飼養環境下 (n > 10) 躲避物與活獵物對於增強存活率有顯著增加的影響，其中比較海草 (seaweed)、棉花 (cotton) 與控制組 (control) 相較有顯著較高的存活率。海草處理組的存活率於第 22 天較控制組高達兩倍，也就是透過設計人工的躲避物可大幅提高鏽斑蟳存活率至少兩倍之多 (圖 6-14)；在活獵物如小蝦的存在可以顯著減少鏽斑蟳的殘食現象 (圖 6-15)。這對於設計鏽斑蟳人工飼養環境至關重要，透過打造人工環境或與小蝦等混養可提高亞成體鏽斑蟳的存活率，同時可大大增加漁民未來可捕撈的鏽斑蟳活體數，供應決定價格，消費者就能以更合理的價格來取得水產。

▲ 圖 6-13 避免鏽斑蟳殘食的種種設計

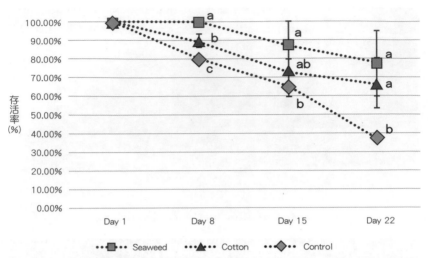

▲ 圖 6-14　比較不同躲避物與活獵物對於鏽斑蟳存活率的影響，發現躲避物與活獵物對於增強存活率有顯著增加的影響

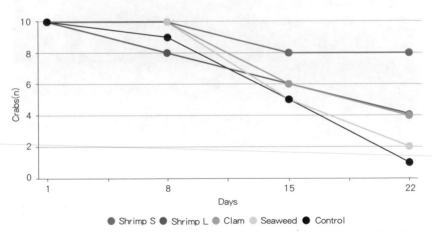

▲ 圖 6-15　一旦將鏽斑蟳飼養在高密度 (n > 10) 的環境下，則活獵物的存在對於鏽斑蟳存活率之正向影響以小蝦 (shrimp S) 優於大蝦 (shrimp L) 優於蚌殼 (clam) 優於海草 (seaweed) 優於控制組

　　這些「生態復育」的成就對於目標一消除貧窮 (SDG 1)、目標二零飢餓 (SDG 2) 以外也與目標十消除不平等 (SDG 10)，除了透過永續手段改善當地漁（居）民的收益與生活外，提供質量均佳的優質水產，讓花枝與花蟹以更實惠的價格優雅登上餐桌，縮短了從漁場到餐桌的距離。

結論

1. 食物的功能不僅只有飽足更有多重社會意義。
2. 科學家也能透過努力減少食物不平權問題。
3. 透過永續科學的投入能實踐、改善公平與正義。

CHAPTER 7

以日漸沉沒的樂園「吐瓦魯」看責任消費及生產 (SDG 12 + SDG 2)

國立臺灣海洋大學食品科學系

劉修銘　蕭心怡

▷ 見微知著，何謂責任消費及生產？

為了迎戰貧富差距、氣候變遷、性別平權等議題，2015 年聯合國啟動了「2030 永續發展目標」(SDGs)，提出 17 項全球政府與企業共同邁向永續發展的核心目標。其中，SDG 12 是「促進綠色經濟，確保永續消費及生產模式」。為達成此目標，需實行核心項目（參附錄掃 QRcode，第 188 頁）。

綜觀而言，責任消費及責任生產 (SDG 12) 是聯合國 2030 永續發展目標中的一個核心目標，旨在促進綠色經濟，確保永續消費和生產模式。在 SDG 12 的 8 個核心項目中，包括實現自然資源的永續管理和高效使用、減少廢棄物產生、將全球人均糧食浪費減半、管理化學品和廢棄物、鼓勵企業採用永續作法、推動永續性的公共採購流程、確保各地人民都能具有永續發展的相關資訊和意識以及與自然和諧共處的生活模式等。此 SDG 12 的核心目標將有助於迎戰貧富差距、氣候變遷、性別平權等議題。

建立永續消費和生產的模式可以幫助保護自然環境、確保資源的永續利用、減少廢棄物的產生並促進經濟成長。永續消費是指在使用產品或服務時，盡可能減少對環境的影響，消費者可以透過減少浪費、減少使用一次性產品、選擇環保產品和製造商等方式實現永續消費。永續生產是指透過生產方式的優化，減少對環境產生的負面影響，企業可以透過實施環境管理系統、採用綠色能源、減少排放和廢棄物等方式實現永續生產。

　　SDG 12 的實現需要全球政府、企業和消費者共同努力。政府可以透過制訂相應政策和法規來推動永續發展，例如提高消費品的綠色認證、鼓勵企業使用綠色能源、減少廢棄物產生等。企業可以透過採用綠色生產技術、推廣綠色產品、實施環境負責任管理等方式實現永續發展。消費者可以透過選擇環保產品、減少浪費、使用可再生能源等方式實現永續消費。

　　然而，我們生活在高度開發的臺灣，往往已經習慣既有的各式工業化產品以及便利的物流消費體系，特別是在食品產業中，社會的高度分工使得消費者與生產者之間相距甚遠。從而當我們談到「責任消費及責任生產」時，很難想像這會對社會和地球產生怎樣的實際影響。因此本章節希望以同為太平洋島國——吐瓦魯 (Tuvalu) 為例，向讀者介紹 SDG 12 對永續環境的重要性，希望藉此能使讀者更具有共鳴。

　　吐瓦魯是位於南太平洋的一個獨立島國，由九個環形珊瑚島群組成。島國的面積非常小，僅有 26 平方公里，這使得吐瓦魯成為全球面積最小的主權國之一。 由於其地勢非常低 ， 最高點僅海拔 4 米，吐瓦魯面臨著全球海平面上升的嚴重威脅。曾有氣候專家預測，到了本世紀末，吐瓦魯可能會被海水淹沒，因而被稱為「日漸沉沒的樂園」。

　　吐瓦魯是世界上極低度開發國家之一，該國的經濟依賴於外援和資源租金。儘管吐瓦魯擁有豐富的漁業資源，但由於缺乏現代漁業技術和資源管理，其漁業產量很低；此外，吐瓦魯也面臨著飲用水和能源短缺等問題。

　　本篇將以水產品供應鏈為例，探討吐瓦魯及臺灣水產品業者針對永續生產及消費有哪些實例及反思，以減少氣候變遷所帶來的影響。

漁業

　　吐瓦魯位於偏遠地區，資源匱乏，經濟不發達。吐瓦魯的人口大約 1 萬人，居民大多依賴漁業為生，因地處偏遠進口不易，吐瓦魯居民過半的蛋白質來源來自漁業提供的水產品。

　　吐瓦魯的漁業資源非常豐富，當地的鮪魚資源衍生的漁權更成為該國的主要收入來源。然而，吐瓦魯缺乏現代漁業技術和資源管理，漁業產量很低，僅能將該漁權售予他國進行捕撈。然而作為吐瓦魯主要的收入來源，如何進一步強化漁業管理和保護海洋生態系統，以實現永續漁業和永續消費和生產成為該國重中之重的課題。

　　對於同為島國的臺灣來說，豐富的漁業資源如何永續經營亦是一直以來重要的課題。農委會自 2015 年起開始推動「藍色經濟成長計畫」，將增殖放流、環境調查及放流評估列為主要工作，而栽培漁業區的設置則是推動這些工作的重要途徑。東澳灣自 2002 年起已劃設了海洋牧場、人工魚礁以及保護礁等禁漁區；2018 年成立東澳栽培漁業區，朝著兩個面向——漁村資源永續及漁村多元發展進行，包含多項規劃：漁村再生、海洋市集、海洋導覽、休閒產業聯盟、海洋特色小學、魚群棲息場、娛樂漁船藍色公路及海上產業園區定置漁場等。東澳栽培漁業區位於宜蘭縣東澳灣內，屬於天然峽灣地形，從烏岩角到烏石鼻之東澳灣面積約為 955 公頃，而其中栽培漁

業區所占面積約為 5.5 公頃，沿岸有天然珊瑚礁、巨石區以及礁石區等。選定東澳為栽培漁業區，是因為其具有良好的天然海灣環境生態，且東澳灣海岸開發程度較低，保有原始海岸美景，在地形上也相對適合栽培漁業區進行種苗投放。

永續海鮮、永續海洋

　　臺灣是個擁有豐富海洋資源的海島國家，然而臺灣人民對於海洋的想法停留在「吃、喝、玩、樂」，從小到大的學習中缺乏完整的海洋教育，再加上近年來受氣候變遷影響，漁業資源銳減，年輕世代對於臺灣近海海鮮及漁法的認知不多。目前較具有知名度的永續海鮮構想，為 2010 年中央研究院邵廣昭研究員推出的《臺灣海鮮選擇指南》，裡面有海鮮挑選原則，並將常見的海鮮分類為「建議食用、斟酌食用、避免食用」，像我們常食用的吻仔魚就被歸類在斟酌食用中，在資訊中還有提示讀者應謹慎消費、捕撈方式會破壞棲地等。《臺灣海鮮選擇指南》即是慢魚運動的在地實現，慢魚運動顧名思義為「慢慢吃魚」，民眾在吃魚前應了解魚的產地、來源，進而期望消費者不單是品嚐海鮮，也能尊重、關心海洋生態。東澳栽培漁業區積極推廣里海教育，包含水質檢驗教學與紀錄、社區居民導覽解說增能、海洋生物多樣性、珊瑚礁生態解說、海洋生態浮潛體驗、東澳歷史故事與東岳部落文化等，讓當地居民對環境有所連結，也結合漁村、漁會及政府單位發展「藍色經濟」，促進產業永續發展。

魚苗投放、定置漁業

　　東澳栽培漁業區在海域部分是漁業署結合漁會取得專用漁業權，在海域內投放魚、貝苗，豐富海域資源，達到「以海為田」的目標，也建立相關的捕撈規範。目前在東澳栽培漁業區中主要的漁業以定置漁業為主，漁獲約有 50 種，八成為常態性魚種，主要有煙仔虎、鯖魚、炸彈魚、竹筴魚等，每年 3 至 6 月有飛魚。定置漁業主要使用定置網，在特定海域固定設置漁具一段時間，魚類自動游入網後滯留其中，漁民再進行捕撈，是一種被動的捕魚方式，也是對於環境相對友善的漁具漁法。另外，東澳當地與臺灣海洋保育與漁業永續基金會（簡稱海漁基金會）合作進行培育海膽的海田計畫，是以培育海膽的海域屬於海洋保護區中的永續利用區，回歸到「里海」的理念，認為海岸地區能夠同時兼顧生態與生產，維護生態多樣性與漁業資源的永續利用。海田計畫專注於培養漁業生產的能量，海漁基金會輔導漁民培育自己的產品，從中宣揚永續的觀念，讓東澳成為海田在臺灣的範本之一。另外，卸魚申報填報系統也是另一亮點，鼓勵漁民卸貨時進行申報，以永續海洋資源管理為參考依據，建立溯源系統，當海域發生汙染造成生態破壞時則有求償的基礎。

▷ 養殖與捕撈業者

　　在吐瓦魯，縱使海洋資源豐富，由於缺乏現代漁業技術，其漁業產量相當有限。在此情況下，吐瓦魯非常希望發展養殖業來增加當地水產品生產。希望經由養殖業減少對海洋資源的依賴，得到穩

定的漁獲供給，進而促進當地經濟發展。然而如何在養殖與捕撈中取捨，從永續的角度來看，碳足跡或可成為一參考指標。

　　碳足跡 (carbon footprint) 可被定義為與一項活動或產品的整個生命週期過程中所直接與間接產生的溫室氣體排放量，是一個用於量化活動、個人或國家對氣候變化影響的概念，會依照原料取得方式、時節、交通等因素影響（行政院環境保護署，2022）。考慮到近年來全球暖化日趨嚴重，商品的碳足跡重要性也逐漸提升，以食品來說，碳足跡為每公斤成品可食用產品釋放的二氧化碳總公斤數（或基於對全球暖化的影響力，將其他溫室氣體換算為二氧化碳當量）。計算內容包含生產、加工、分銷和廢物處理／降解（包括食物垃圾）等過程（行政院環境保護署，2022），所有這些階段合起來稱為產品生命週期，而每個階段各輸入生成排放量估計值，然後進行結合。以下依照水產品的來源來進行碳足跡之探討。

捕撈水產品之碳足跡

　　水產的來源主要分為養殖及捕撈兩種方式。捕撈漁業的碳排主要來自漁船的柴油引擎，約占總碳排的 60～90%，其他碳排則來自船上冷凍設備及餌料生產（王順德，2021）。因此，捕撈地點遠近為影響碳排量的關鍵因素，另捕獲方式不同也會對碳排量有重大的影響。根據一份評估西班牙地中海區域漁業（包括北阿爾沃蘭海、西班牙北部和巴利阿里群島）二氧化碳排放調查，其報告分析不同的漁具、船舶尺寸類別以及補撈方法對碳排放的影響，結果建議圍網補撈碳排放為每公斤魚重有 4.39～12.1 kg CO_2，而海底拖網則為每

公斤魚重有 88.0～2538.4 kg CO_2，海底拖網漁船通過在海底拖曳巨大的加重網從海洋底中收集魚和蝦，雖然可一次性大量捕撈漁獲，但為了追捕目標漁獲物，這些網像水下旋轉式攪拌機破壞珊瑚、海綿和其路徑上的任何其他物體，留下被沖刷的大片區域並攪起沉積物，當這些儲存的碳溶解到海洋中時，就會導致海洋酸化，並降低海洋從大氣中吸收二氧化碳的能力；此報告也建議西班牙北部應首先減少底拖網捕撈，以實現可永續性，有效維持生態平衡。

水產養殖碳足跡

水產養殖並無捕撈漁船大量的碳排放，但有打氣裝置、溫控設施、飼料所帶來的碳排放問題。實際排放量則會因為養殖的水產類別、養殖地點與個別業者採納的養殖方式而有所差異。在養殖物種的碳足跡中，飼料原料的生產和運輸或顆粒飼料的製造和運輸約占碳足跡的 50% 至 60%；另曝氣也可能會造成另外 20% 到 25% 的碳足跡 (Lutz, 2021)。有國外研究報告 (Atlantic Salmon Federation, 2021) 指出，養殖蝦的碳足跡約為 15.7 公斤二氧化碳當量（每公斤蝦重），而野生蝦約為 7.04 公斤二氧化碳當量，國內研究（古雲傑，2013）報告指出養殖吳郭魚碳足跡為 2.68 公斤二氧化碳當量（每公斤魚重）。相較於養殖的水產品，牛肉的碳足跡則要高得多，如帶骨牛肉和無骨牛肉分別為 17.96 及 25.75 公斤二氧化碳當量 （每公斤肉重），養殖水產品在碳足跡上亦低於雞肉和豬肉。

另外，若比較來自「捕撈漁業」與「水產養殖」所產生的碳排放，我們可以發現養殖蝦比起野生蝦的碳排更少，雖然養殖蝦使用

的飼料、控溫裝置、藥物、水車等皆會消耗能源，但比起遠洋底拖網漁船所造成的破壞，依然是利大於弊。

　　冷鏈運輸對碳排放的影響也不容忽視，有研究指出挪威近海網養殖鮭魚的碳足跡僅為 3.39 公斤二氧化碳（每公斤鮭魚重量），然而運到北美時，由於運輸（空運）和冷鏈要求使其最後碳足跡為15.22 公斤二氧化碳（每公斤鮭魚重量）(Liu et al., 2016)；不過，雖然冷凍產品由於初始冷凍和隨後保持零下溫度的冷鏈所需的能量會導致溫室氣體的排放，同時製冷劑洩漏及為因應冷凍保存而進行的更多包裝都可能助長溫室效應，但與缺乏冷凍保存而致腐敗和浪費比較起來，後者的影響更大。

飼料業者

　　作為養殖最主要的成本之一，飼料的永續性對於養殖影響重大，對飼料業者來說，如何確保所有飼料原材料的來源均符合永續發展的原則是重要的課題。在飼料生產過程中，飼料業者可以採用永續的生產方式，例如生產過程中回收和再利用原材料，以及減少能源消耗等，或者開發環保飼料。另外，飼料業者還可以透過訓練和教育來提高消費者對永續飼料和永續食品的認識和了解，從而鼓勵消費者採取更友善環境的消費行為。

　　對於吐瓦魯的養殖產業發展，飼料成為了最大的挑戰，該國目前無力自行生產飼料而大多仰賴進口，導致飼料的成本及碳足跡飆高，進而阻礙了養殖產業的發展。如何結合當地的產業利用既有的資源實現永續的飼料生產將會是未來的努力方向。

環保飼料

　　水產養殖飼料占據養殖過程不少的成本，依據水產品種類會有不同的營養需求與飼料轉換率，影響飼料的選擇和價格。飼料主要由水分、脂質、蛋白質、纖維素、碳水化合物、礦物質和維生素組成。水分決定飼料的型態與安定性；脂質為動物生長過程必備的脂肪酸來源與能量儲存，同時也是影響飼料適口性的關鍵因子；蛋白質是魚蝦類必須胺基酸的來源，而不同種類的動物對於各種胺基酸的需求也有所差異。

　　隨著世界各國大量投入水產養殖產業，使得全球水產飼料的需求量不斷攀升，因此許多飼料公司與研究單位開始投入心力於開發替代性蛋白質飼料，如黃豆榨油後留下的豆粕廢棄物就是很好的利用原料，且黃豆有價格低廉、供應穩定、消化率高等優勢，但植物性原料含有抗營養物質與缺乏特定的必須胺基酸，所以需要仰賴良好的加工技術，像是添加酵素、微生物發酵，甚至能夠利用分子生物技術，以基因轉殖進行改良，甚至能夠產生抗菌胜肽調節水產生長健康。另外，以草食性魚類作為替代性餌料作為主要蛋白質來源，也能降低對浮魚資源的需求，減少魚粉與魚油的使用，也是永續海洋發展的解決模式之一。另外，如何持續提高消化率也是水產飼料業者必須克服的問題，易消化飼料除了降低環境汙染外，還能提高養殖效率，可以符合環境永續的目標。現今國內外已有許多業者積極地開發環保飼料，如 Cargill 公司的一項計畫——SeaFurther™ Sustainability，藉由採購更環保的原料，且進一步提高飼料消化率，

提高整個供應鏈運輸效率，其目標是將每生產一噸水產品的 CO_2 排放量減少 30%，盼望提供水產養殖者生產更可永續的水產品。另外，Skretting 公司也推出了一系列水產養殖環保飼料——Feed4Future，可使養殖水產品的碳足跡減少 10%；除此之外，Skretting 公司也在巴西減少森林砍伐，減少二氧化碳排放量，該公司的目標是在開發環境飼料的同時，也能使養殖水產品保留更好的蛋白質，生產更多的可食用肉。在國內方面，目前來說，國內飼料尚未對「環保飼料」或「綠色飼料」有明確的定義和規範，也尚未有標章認證的制度實行，不過，成立於 2010 年的水產養殖管理委員會 (Aquaculture Stewardship Council, ASC)，主要制定水產養殖業可持續發展評判標準，建立水產養殖業者的管理，近年也在認證制訂水產養殖的飼料標準，減少水產品作為飼料原料，並以大豆、小麥等農作物進行調配，強化「可永續水產養殖」。在國內業者方面，有許多業者已經使用具有循環經濟利用的飼料，由廢棄物再利用的原料製成。總言之，環保飼料的開發及使用在永續議題的抬頭、國際魚粉價格上升之際，也許能解決海洋資源的過度依賴，還能夠在飼料價格上取得較好的優勢。

加工業者

　　吐瓦魯居民蛋白質攝取高度仰賴水產品，然而因全年皆可捕獲豐富水產資源，導致尚未建立完整的加工體系。漁民多會將水產品生鮮食用，過多則自行進行日曬乾燥的初級加工。島上有兩家水產加工廠，亦僅進行魚肉的三去、分切、乾燥、煙燻等初級加工。乾

燥方式多使用日曬乾燥，在能源永續上頗為理想。且加工廠皆有效地進行了全魚利用，將內臟、魚頭、魚骨等產品皆進行利用、分別販賣。然而整體加工高度仰賴人工，日曬乾燥亦有空間的限制無法大規模放大。而漁獲來源不穩定導致難以建立大型的水產加工廠，也因此不易導入更專業的加工技術，製成更高附加價值的產品。

　　水產品加工品對於海島型國家的臺灣是食物鏈中不可或缺的一部分，而水產加工產業更是一項重要的經濟活動。由於需求增加、過度捕撈、氣候變化、生物多樣性變化、物種滅絕等原因，生產需求量的水產品愈來愈艱難。然而，無可避免地在水產品加工的過程中會產生加工廢棄物，其處置和管理是一個嚴重的問題，水產品加工過程中產生的廢棄物種類繁多，以罐頭工廠為例，頭、尾、內臟、鰭、魚鱗、魚骨、血合肉、碎魚屑等都是廢棄物（陳榮輝，1990）。上述的廢棄物富含營養成分，可作營養物、工業原料和生物能的豐富來源，從而改善可永續的海產品供應鏈，以符合 SDG 12 的目標。本篇將介紹水產品加工中所產生之廢棄物，以及其潛在的利用途徑。

水產品廢棄物

　　據估計，每消耗一噸海鮮，幾乎等量的海鮮就會被當作廢物丟棄 。 漁業中食物損失的最好例子是副漁獲物 ， 即所謂的低價值魚 (Venugopal, 2022)。副漁獲物經常被拋回大海，不僅造成營養損失，還造成環境問題 ， 對海洋生態系統產生不利影響 (Harrington et al., 2005)。根據統計， 全世界的水產品總產量的 80% 被加工成各種產品，如冷藏、冷凍、熏製、乾燥、發酵、醃製等 (Venugopal, 2022)。

其中預處理時會進行去頭、去殼、剝皮、去內臟、去除鰭和鱗片、切片、清洗等操作，會產生大量的固體廢物。以蝦類為例，以溼重計蝦肉占整隻蝦的比例僅有 15%～20%，其餘的廢棄物中，頭部約占 70%，蝦殼約占 30%，皆富含蛋白質和幾丁質 (Yan and Chen, 2015)。魚類的廢棄物取決於其物種占原材料的 25% 至 60%，具體包括頭部、骨骼、魚皮、鱗片和內臟。包括鱒魚、鯉魚、梭子魚和鯛魚在內的淡水魚占其重量的 40% 至 60% 將成為加工廢棄物 (Venugopal, 2009)。

水產品廢棄物中富含不同的營養成分，包含約 49% 至 58% 的蛋白質、22% 至 30% 的灰分、以及 7% 至 19% 的脂肪 (Coppola et al., 2021)。這些數據顯示，水產品廢棄物造成蛋白質、脂肪和礦物質的巨大損失 (Racioppo et al., 2021)。根據 2015 年 Love 等人的計算，水產品廢棄物可以為 1010 萬名男性或 1240 萬名女性提供所需的蛋白質總量；為 2010 萬成年人提供所需的 EPA 和 DHA 總量；為 150 萬成年人提供卡路里 (Love et al., 2015)。

廢棄物之利用

傳統上水產品廢棄物可以加工製成工業產品、藥品、食品等，例如肥料、飼料、魚肝油、調味料等。近年來更認為漁業副產品的價值不應低於漁獲本身，有效利用水產品廢棄物將有巨大的潛力帶來健康、經濟及環保上的效益 (Mozumder et al., 2022)。以下是舉例較常見的水產品廢棄利用方式：

⑴肥料

將水產品廢棄物直接進行乾燥或經過煮熟、壓榨、乾燥而成，
最終產品的水分含量約是 9%～15%。抑或是利用微生物及酵
素的生物精煉技術，將水產品廢棄物發酵為肥料。例如將魚
類廢棄物與牛糞一同在 35°C pH 6.0 至 6.5 進行 15 天的厭氧
發酵將可得到液態肥料 (Khiari et al., 2018)。水產品廢棄物中
富含的氮、磷和鉀將有助於幫助作物生長。

⑵飼料

水產品廢棄物可以配製成用於淡水魚類的飼料顆粒，例如草
魚、鯔魚和羅非魚（吳郭魚）(Wong et al., 2016)。透過對蝦
養殖廢物的乳酸發酵回收之蛋白質可用作羅非魚飼料
(Ximenes et al., 2019)。將水產廢棄物水解產生的蛋白質水解
物和乳酸鈣亦可用於動物飼料和鈣補充劑 (Yan and Chen,
2015)。

⑶魚肝油

原料以鱈魚肝及鯊魚肝為主，但凡水產動物的肝臟理論上皆
可採油製作。魚肝油的製作過程包含採油、脫水、脫酸、脫
蠟、脫色、脫臭等操作。

⑷生質能源

生質能源的主要來源為沼氣、生物氫、生物乙醇和生物柴油。
其中生物氫是一種可永續的能源形式，因為它可以透過發酵
過程從有機廢物中產生 (Atelge et al., 2018)。除了動物及植物
性廢棄物外，水產品廢棄物亦是可以成為生質能源的重要原

料 (Sowmya and Sachindra, 2014)。目前利用小球藻對水產加工廢水進行厭氧發酵，已被證明可以產生沼氣 (Jehlee et al., 2017)。而在有機廢棄物中培養產油微生物將是低成本且商業上可行之具有潛力的生質能源製造方式 (Cho and Park, 2018)。

消費者

為了達成永續發展目標，除了上述生產端外，消費者端的影響亦舉足輕重。如 SDG 12 中訂定的目標「促進綠色經濟，確保永續消費及生產模式」，為達到綠色經濟，需要同時探討生產模式以及消費模式，但此處所稱永續消費尚未被明確定義。SDG 12 中被明列的目標包含：永續且高效的自然資源利用、食品廢棄的減半、化學品及廢棄物的管理、企業對於永續經營的投入、永續性的公共採購流程推動以及與自然和諧共處的生活模式，但其中消費者該如何改變並未被明確地指出 （平尾雅彥 ， 2020）。 因此本章節特別聚焦於 SDG 目標 12.3「2030 年前，將零售和消費者方面的全球人均糧食浪費減半，並減少生產與供應鏈上的糧食損失，包括收割後損失」上，探討消費者端對於 SDG 12 之重要性 ， 並提出消費者可進行之行為模式改變。

糧食浪費的現況

根據 FAO 於 2011 年公布的統計資料，全球可食用之農產品及水產品中約有三分之一在沒有被實際消費的情況下遭到丟棄。以金額計算，已開發國家廢棄的糧食價值為 6800 億美元，開發中國家廢

棄的糧食價值則達 3100 億美元。已開發國家每年廢棄的糧食達 2.2 億噸，幾乎相當於撒哈拉以南非洲地區每年糧食的總產量 （2.3 億噸）。在各品項中蔬果類的廢棄率最高，估計為 45%；其次為水產品類，估計為 35%；穀物的廢棄率位居第三，估計為 30%。其餘品項中乳製品、肉類、油籽 (oil seed) 也有高達 20% 的廢棄率。

糧食廢棄的問題存在於生產、儲存、運輸、加工、銷售和消費的每個階段，換言之造成糧食損失的原因發生於整個糧食生產鏈中，其中，開發中國家和已開發國家造成糧食損失的階段和原因各不相同。在開發中國家，糧食損失更有可能發生在到達消費者手中的生產和運輸過程中，估計約有 40% 的糧食損失是在農產品和水產品的儲存、加工和運輸過程中產生，其背景是基礎設施的不足以及冷鏈設備和運輸系統的不完善。另一方面，在已開發國家中銷售和消費階段的糧食損失率較高，估計約有 40% 的食物發生在這個階段，原因有別於開發中國家的冷鏈設備和運輸系統的不完善，主要來自於為了迎合消費者的口味和生活型態，生產者端提供了多於消費者端所需之糧食所造成。

消費者端可進行之行為模式改變

為了借鏡日本在糧食浪費議題上的經驗並探討消費者端可進行之行為模式改變，我們特別訪問到 2020 年日本內閣府消費者廳糧食損失削減推進獎得獎者井出留美 (Rumi Ide) 博士，提供我們可參考之方向：

通常對一般民眾演講時，我都會提到以下整理的 10 件事：

(1)購物前，先確認家裡櫃子、冰箱裡已有的食品種類和數量

這是為了防止重複購買。最近世界各國也愈來愈多可以確認冰箱食材種類和有效期限的手機 App，在日本也有家電製造商將這樣的管理系統導入冰箱，讓冰箱可以聲音等提醒使用者食物的賞味期限。

(2)不要空腹去購物

空腹去購物，通常會感覺所有的東西都很好吃，於是在不知不覺中購買過多食物。美國有研究指出，空腹購物最多可增加 64% 金額的購物。雖然很難避免下班後順道購物，但去購物之前可以先吃點東西，應該可以預防暴買或暴食。

(3)若是馬上就要食用的商品，就從陳列櫃的前方（賞味期限將近）拿取

家庭成員對食品嗜好和食用的速度每個人都不同，並沒有萬人共通的法則。以一公升的牛奶為例，如果家中有發育期的孩子，可能一天就能喝完，那麼購買賞味期限將近的牛奶也無所謂；但如果是獨居的人，一天僅喝一杯牛奶（200 毫升）的話，就可以選擇賞味期限還比較久的商品。賞味期限基本上都會設定的比較短，所以我提議可以在不勉強的範圍內，選購賞味期限將近的商品。

(4)小心「期間限定」、「數量限定」和「合購」

我曾經在宮城縣石卷市的小學，對小五學生上「食品浪費」的課程，我請學生從家裡帶來過剩的食材，並請同學發表它變成過剩食材的原因。有個男生帶了裝在瓶子裡的酸黃瓜，我問他變成過剩食材的原因，他告訴我們「爸爸用 500 日圓買了兩罐，媽媽不知道爸爸已買了，也用 500 日圓買了兩罐，所以家裡就有了 4 罐酸黃瓜」。就算只需要 1 個，但當我們看到「1 個 300 日圓、兩個 500 日圓」的促銷，是不是常常就不小心買 2 個？當有人告訴我們「數量限定」，是不是常會讓我們產生現在就得買的焦慮，而不小心買太多了呢？

無論是一起買還是數量限定，通常都是賣家的戰略，因為賣家知道，聽到「限定」會讓人購買欲望增加，一起買更便宜，就會讓消費者買更多。身為消費者，要知道賣家的這種想法，並冷靜地購物。

(5)調理時，把食材用完

例如芹菜、紅蘿蔔或白蘿蔔的葉子、香菇的根部、白蘿蔔的皮等平常會丟掉的部分，只要稍微用心一下料理方法，都是可以食用的。我推薦可以參考料理研究家有元葉子的《「用完」菜單　有元葉子的「完全」廚房法》（講談社）。花椰菜的莖部部分也常常被丟掉，但切薄片和培根一起炒，也可以料理得很好吃。

(6)把剩下的料理變身成別種料理

譬如說剩下的炒菜，可以做成蛋包飯的餡；剩下來的馬

鈴薯燉肉可以壓碎後變成可樂餅的餡料等。消費者廳在
料理菜單的網站上有設立一個「消費者廳的公式廚房」
專區，裡面有民眾的投稿，介紹如何完整使用常被丟掉
的食材❶。

(7)賞味期限是好吃的最低限度，用五官來判斷

可以把「每月 30 日訂為把冰箱裡食材用完的日子」，訂
出一個可以把賞味期限將近的食材使用完畢的方法。我
通常是週末出門購物，所以會特別注意週一到週五盡量
將食材使用完畢。週末將近，看著冰箱愈來愈空，心情
也跟著輕鬆起來。

(8)用「長存法 longstock（週期保存法）」保存長備食材

東日本大地震後家庭中的儲備方法 「長存法 longstock
（週期保存法）」受到愈來愈多矚目。如果只是把食物放
入保存袋裡，常會忘了它的存在，易超過保存期限。

長存法指的是，將加熱食品和罐頭等平常就會食用的食
品作為儲備食品，吃多少再補充多少。例如「今天下大
雨，沒辦法出門買晚餐，就把家裡儲藏的加熱咖哩和微
波米飯做成兩人的咖哩飯吧」的日子，會用掉兩袋加熱
咖哩和兩盒微波米飯，那麼下次購物時，就可以再補充
兩袋加熱咖哩和兩盒微波米飯。

不把食品放入保存袋，而是平常地食用它，可以更清楚

---

❶http://cookpad.com/kitchen/10421939

地記得家裡有哪些食品、各自的消費期限是否將近。另外，災害時不會需要吃平常吃不習慣的長備食材，也可以減輕感受到的壓力，所以我推薦長存法。

另外還有每年 9 月 1 日防災日，把儲備食品的鯖魚罐頭和微波米飯做成鯖魚蓋飯，也可以在阪神大地震的 1 月 17 日、東日本大地震的 3 月 11 日等把舊的儲備食品吃掉再購買新的，或是在更新儲備食品時將舊的食品捐贈給 food bank 或 food drive 等，以合於自己和家人的生活方式為之，都可以不浪費儲備食品。

(9)外食時不要點太多

橫濱中華街的某家飲食店，規定客人要吃完一盤才能點下一盤。致力於減少食品浪費的長野縣松本市和京都市、佐賀市等，推廣在宴會開始前 30 分鐘和最後的 10 分鐘不要離開座位把食物吃完的「3010」運動。某些餐廳可以點半份或小份等適合自己的分量。

(10)不要剩下食物

橫濱中華街有些店可以只點一個肉包、只點一根春捲。

無論在家裡還是在餐廳，都點自己能夠吃完的分量吧。

（節錄自：井出留美 (2016)。賞味期限のウソ　食品ロスはなぜ生まれるのか。日本東京都：幻冬舍。）

糧食浪費不僅對環境造成嚴重影響，也是社會資源的巨大浪費。消費者端的糧食浪費尤其值得關注，而透過行為模式的改變，我們可以朝向更永續的消費模式邁進，達到「零糧食浪費」的目標。

⌘ 結論

　　建立永續水產供應鏈為目標，供應鏈的成員都有責任，包括漁業捕撈、養殖、飼料、加工業者和消費者，具體作法如利用永續性捕撈法、使用減少雨林砍伐或利用低碳足跡的原料開發環保飼料，養殖使用環保飼料及養殖條件，加工業者冷鏈管理及使用適當實用且環保的包裝，並有效利用水產品加工過程中會產生之廢棄物，朝向零浪費的目標發展；延伸至消費端，消費者的角色同樣重要。透過了解各產品價值與生產成本，智慧的選擇與行動，將可減少浪費，支持永續發展。期待未來，臺灣水產供應鏈也能朝向同時具有經濟效益、改善及保護自然環境、確保資源的永續利用、減少廢棄物的產生，因應國際發展趨勢的永續水產供應鏈。❷

---

❷致謝：特別感謝參與國立臺灣海洋大學 110 學年度第二學期食品供應鏈管理課程的學生——賴彥蓁同學、黃頌仁同學及陳泓安同學，課程期間收集資料及訪談臺灣業者在水產品永續生產實務案例。

CHAPTER 8

全球暖化的孿生雙胞胎：海洋酸化
(SDG 14 / SDG 13 + SDG 4 + SDG 2)

國立臺灣海洋大學　海洋環境與生態研究所

周文臣

國立臺灣海洋大學　環境生物與漁業科學系

呂學榮　梁婷淯　藍國瑋

　　大氣二氧化碳的增加除了造成大家所熟知的全球暖化現象外，亦引發了另一個嚴肅的環境課題——海洋酸化。然而，與全球暖化相較而言，海洋酸化對大多數人來說卻仍顯得遙遠而陌生。本章希望透過三個實際研究案例來說明三個有關於海洋酸化最為人所關心的核心議題：(1)海洋酸化是真的嗎？(2)海洋酸化會對珊瑚礁造成不利的影響嗎？(3)有方法可以治癒海洋酸化嗎？同時本章亦將以海洋酸化為例來彰顯 SDG 14 與其他 SDGs 目標的緊密連結。

前言：為什麼海水會變酸？

　　科學家的研究指出，人為活動所排放的二氧化碳，其實並沒有全部累積在大氣當中，透過生物的作用及海氣交換的過程，其中部分的碳會被陸地和海洋所吸收。以 2011 至 2020 年間為例 (Friedlingstein et al., 2022)，每年人為活動所排放的碳量約為 106 億噸（化石燃料的燃燒排放量約 95 億噸；土地利用方式改變的排放量約 11 億噸），其中大約只有 51 億噸會累積在大氣當中 (48%)，此為全球暖化的元兇；剩下的碳一半會被陸地生物圈所吸收，另一半則會進入到海洋當中 （28 億噸，29%）。海洋默默地吸收了大量人為活動所排放的二氧化碳後，海水的化學性質會發生一連串的變化。首先，當二氧化碳溶入海水後，會形成碳酸（H_2CO_3，反應式 [1]），而碳酸會解離釋放出氫離子 (H^+) 和碳酸氫根 (HCO_3^-) （反應式 [2]），後者還會進一步形成碳酸根 (CO_3^{2-}) （反應式 [3]）。海水是個緩衝溶液，平均 pH 值大約是 8 ($[H^+] = 10^{-8}$)，反應式 [2] 的平衡常數大約是 10^{-6}，而反應式 [3] 的平衡常數大約是 10^{-9}。因此，二氧

化碳溶入海水後所形成的碳酸大多會與碳酸根結合變成碳酸氫根（反應式 [4]）。總結來說，二氧化碳溶入海水後的淨反應會造成氫離子濃度增加，使海水變酸，這就是海洋酸化的主要原因；此外，海洋酸化同時也會造成碳酸根的濃度下降，而碳酸根濃度的下降則會導致海水另一個重要的化學特性：碳酸鈣飽和度 (Ω)（公式 [5]）的同步降低。由於鈣離子 (Ca^{2+}) 在海水中屬於保守性 (conservative) 元素，其濃度僅受鹽度影響在很小的範圍內變動；又 K_{sp} 為碳酸鈣礦物的溶解度積，在溫、壓不變的條件下為一常數。因此，海洋酸化造成碳酸根濃度的減少，會造成海水碳酸鈣飽和度同步下降。科學家研究發現大多數的珊瑚、貝類、牡蠣等會形成碳酸鈣骨骼或殼體的海洋生物，其生長速率都會隨著碳酸鈣飽和度的減少而降低，同時其殼體或骨骼亦有脆化與變薄等現象。因此，海洋酸化可能會對許多海洋生物造成不利的影響。

$$CO_2 + H_2O \rightarrow H_2CO_3 \cdots\cdots\cdots\cdots\cdots\cdots\cdots\cdots [1]$$

$$H_2CO_3 \rightarrow H^+ + HCO_3^- \cdots\cdots\cdots\cdots\cdots\cdots\cdots [2]$$

$$HCO_3^- \rightarrow H^+ + CO_3^{2-} \cdots\cdots\cdots\cdots\cdots\cdots\cdots [3]$$

$$H_2CO_3 + CO_3^{2-} \rightarrow 2HCO_3^- \cdots\cdots\cdots\cdots\cdots\cdots [4]$$

$$\Omega = [Ca^{2+}][CO_3^{2-}] / K_{sp} \cdots\cdots\cdots\cdots\cdots\cdots\cdots [5]$$

案例

案例一：海洋酸化是真的嗎？

科學家透過化學熱力學的平衡計算，推估自工業革命以來，由

於大氣二氧化碳濃度的增加已經造成全球海洋表水的 pH 值下降了
0.1（對應 H^+ 離子濃度約增加了 30%），CO_3^{2-} 離子的濃度則減少了
16%。此外，根據 IPCC 所預估之 CO_2 排放量進行模擬的結果顯示，
至本世紀末全球表水的 pH 值會再下降約 0.4，而 CO_3^{2-} 離子的濃度
則會再減少 50%。為了驗證隨著大氣二氧化碳濃度的增加，海水是
否真的逐漸在變酸？科學家在全球各海域多個海洋時間序列觀測站
對海水的 pH 值進行長期連續性的觀測（圖 8–1），結果清楚顯示，
每年平均的 pH 值皆約以 0.0015 的速率持續下降中。此觀測數據與
化學熱力學的計算結果十分吻合，充分證實了海洋酸化絕非危言聳
聽的假說，而是千真萬確正在發生的事實。1998 年成立的東南亞海
洋時間序列測站 (South East Asia Time-series Study, SEATS) 是由我

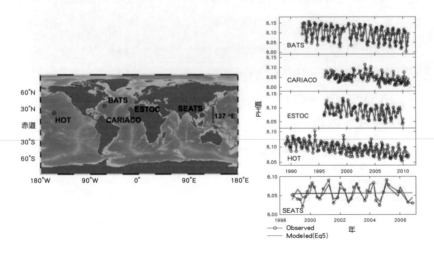

▲ 圖 8–1　左為全球各海域海洋時間序列觀測站位置圖，右為各海洋時間序列觀測站
　　pH 隨時間變化圖（圖片來源：Lui and Chen (2015)）

國海洋科學界所負責維運觀測，海大海洋環境與生態研究所是該研究團隊重要的成員，SEATS 是全球唯一位於副熱帶邊緣海域的海洋時間序列觀測站，標示著我國對全球變遷與海洋酸化研究所做的貢獻與努力。

案例二：海洋酸化會對珊瑚礁造成不利的影響嗎？

珊瑚礁素有海中的「熱帶雨林」之稱，擁有非常豐富的生物多樣性，同時也是許多種海洋生物生存及孵育下一代的重要棲地。然而，在海洋酸化的影響下，珊瑚生長的減緩，可能會導致礁體累積速率低於侵蝕速率之情況發生，進而造成珊瑚礁分布面積逐漸縮小，甚至有朝一日會完全消失在地球上。因此，不難想見海洋酸化所導致珊瑚造礁能力的降低，勢將對整體海洋生態造成巨大的衝擊。海洋學家們的研究結果已清楚顯示，澳洲大堡礁珊瑚的造礁速率自 1990 年以來已減緩了 14%。除此之外，珊瑚礁也提供了人類重要的漁業資源及遊憩休閒的場所。據估計全球珊瑚礁生態系每年所提供遊憩觀光的產值高達 96 億美金，且是一些島嶼型國家最重要的經濟命脈。因此，若海洋酸化造成珊瑚礁生態系統的崩壞，勢將對這些區域的經濟活動造成無可彌補的損害。過去研究認為海洋酸化對於珊瑚礁生態系的威脅主要起因於珊瑚鈣化速率的降低，但是近年來有愈來愈多的研究結果顯示，海洋酸化所引起碳酸鈣溶解速率的增加，可能也會造成珊瑚礁逐漸消退，但兩者的相對重要性則尚難以釐清。海大海洋環境與生態研究所與東華大學海洋生物研究所聯合研究團隊巧妙地利用中觀生態缸（圖 8–2）模擬了海洋酸化對珊瑚

礁生態系淨族群鈣化速率日夜變化影響的差異，證實了碳酸鈣溶解作用的增加對海洋酸化的反應可能比珊瑚鈣化速率的降低更加敏感。換言之，海洋酸化對珊瑚礁生態系的威脅，除了過去所認為的鈣化速率降低外，碳酸鈣溶解速率的增加可能亦扮演了重要的角色。

▲ 圖 8-2　中觀生態缸外觀與其俯視照片。海大海洋環境與生態研究所與東華大學海洋生物研究所聯合研究團隊利用中觀生態缸模擬海洋酸化對珊瑚礁生態系淨族群鈣化速率與碳酸鈣溶解速率的影響。（圖片來源：Chou et al. (2020)）

案例三：有方法可以治癒海洋酸化嗎？

　　近年來科學家積極尋找緩解海洋酸化可能的解方，而廣泛分布於全球淺海的海草生態系被認為具有緩解海洋酸化的潛力，此乃因海草床是地球上生產力最高的生態系統之一，其高基礎生產力被認為能夠吸收二氧化碳且能提高周遭海水的 pH 值，因此具有減緩海洋酸化及吸收大氣二氧化碳的潛力。然而，過去的觀測結果顯示，海草床的 pH 值以及二氧化碳分壓 ($p\mathrm{CO}_2$) 呈現大幅度的日夜和季

節性變化：在日間及高生產力的季節，海草床的確會減緩海洋酸化以及吸收大氣二氧化碳，但在夜間及生產力低的季節，反而會加速海洋酸化以及向大氣釋放二氧化碳。有別於過去的研究結果，海大海洋環境與生態研究所與中山大學海洋科學系聯合研究團隊在東沙潟湖海草床（圖 8-3）發現了一個非常獨特的現象：一年四季無論日夜，東沙潟湖海草床皆能一直維持著大氣二氧化碳吸收者以及海洋酸化緩衝者的狀態。如此獨特的狀態，與其特殊的水體動力環境有關：其半封閉的環境特性有利於有機質累積在沉積物中，而海草的根及地下莖可以輸送氧氣至沉積物中，因此加速了有機質分解反應，上述反應所釋放的二氧化碳引發了碳酸鈣溶解反應的加速進而釋放出鹼度，而鹼度的提高會促使海水 pH 值上升以及 pCO_2 下降，因此使東沙小潟湖成為一座非常獨特的超級吸碳工廠與海洋酸化的救星。此一發現，對於近年來科學界提出利用海草床來減緩海洋酸化的假說有非常重要的貢獻，因為本研究發現在適當的水體動力環

▲ 圖 8-3　東沙海草床水質探針布放（左圖）與沉積物孔隙水採樣（右圖）照片。
（圖片來源：Chou et al. (2021)）

境作用下，海草床沉積物碳酸鈣溶解的現象會被加速，進而可以將二氧化碳轉化為以鹼度為主的形態存在於海水中，這個過程不僅有助於大氣二氧化碳的吸收也有利於緩解海洋酸化的衝擊。

策略

逐漸酸化的海洋意味著海水的侵蝕性將會愈來愈強，因此會使得海洋生物的骨骼及殼體面臨生長日漸艱難的窘境。近年來，根據在不同大氣二氧化碳濃度條件下進行培養實驗所得的結果，科學家發現大多數的珊瑚、貝類、牡蠣等會形成碳酸鈣骨骼或殼體的海洋生物，其生長速率都會隨著海水的酸化而降低，同時其殼體或骨骼亦有脆化與變薄等現象。這些變化將不利於此等生物在生態系統中的競爭，進而將導致生態系統組成結構的改變，最後甚至對人類的經濟活動形成嚴重的衝擊。此外，海洋酸化亦可能對人類的糧食供應造成影響，例如深受國人喜愛的牡蠣、蛤和海膽等海鮮，其殼體或骨骼皆是由碳酸鈣所構成，因此，海洋酸化所引起的生長速率降低，可能會直接造成這些高經濟價值魚貨產量的減少。此外，海洋中一些位於食物鏈底層的植物性浮游生物，亦會形成碳酸鈣殼體，一旦這些重要的基礎生產者因缺乏鈣化外殼而數量減少，將會衝擊以牠們為主食的次級消費者，透過食物鏈的傳遞亦可間接威脅到魚類的生存。時至今日，地球上至少仍有十億居住於濱海地區的人口，蛋白質的來源仍以海產為主，且其工作機會和經濟來源亦與海洋中的魚、貝類密不可分。因此，海洋酸化對這些區域的糧食安全及經濟活動可能也會造成嚴重的影響，唯有透過科學研究了解海洋酸化

的速率及其對海洋生物和食物鏈的影響，方能提供決策者所需的關鍵資訊來制訂相關的政策並付諸實際的行動，進而扭轉海洋酸化為人類經濟活動及糧食安全帶來的不利影響。

論述：SDG 14 / SDG 13 + SDG 4 + SDG 2

　　全球暖化與海洋酸化皆肇因於人為二氧化碳排放的增加。然而，相較於全球暖化的影響已廣為世人所重視，更是全球環境議題的焦點所在，一般普羅大眾對海洋酸化的認知仍相當有限，相關的科學研究也仍處於蓬勃發展的階段。臺灣四面環海，必然無法倖免於海洋酸化所帶來的影響與衝擊。因此，海大透過研究計畫的執行，致力於了解臺灣鄰近海域海水的酸化速率（案例一），同時利用中觀生態缸的實驗方法模擬了海洋酸化對珊瑚礁生態系的影響（案例二），此外透過對東沙海草床的現場調查，積極尋找緩解海洋酸化的自然解方（案例三）。上述三個案例除了與 SDG 14（保育海洋與海洋資源）的目標緊密扣合外，其中尋找緩解海洋酸化可能的自然解方亦與 SDG 13（氣候行動）相呼應；此外，由於海洋酸化亦會對人類的糧食安全造成不利的影響，因此緩解海洋酸化亦有助於達成 SDG 2（終止飢餓）的目標；最後，透過讓學生實際親身參與科學研究計畫尋找問題解答的過程，可有效提升學生解決問題的能力，亦有助於 SDG 4（優質教育）目標的實踐。

活動

1. 珊瑚礁體驗活動：安排學生至海大貢寮水生生物實驗中心參訪珊瑚農場，在參訪過程中介紹海洋酸化對珊瑚礁的影響，讓學生們能夠更深刻體認到海洋酸化問題，並親身感受到珊瑚礁生態系統的重要性。最後讓學生親自動手操作珊瑚的移植與復育。

2. 溫室氣體排放減少挑戰賽：讓學生們分組設計並實施減少溫室氣體排放的行動計畫，例如每週減少一次乘坐汽車、提倡大家吃素食、使用環保袋等，並在執行結束後評估各計畫的減排成果，並介紹這些減排措施如何幫助減緩海洋酸化的問題，最後讓學生票選最佳的行動方案，獲選組別可以獲得獎勵。

3. 專家訪談：請學生搜尋海洋保育方面的學者專家，並自行選擇與邀請相關學者專家進行訪談；訪談的內容與提問請學生經討論後自行擬定，訪談完畢後請學生在課堂上分享訪談的心得。

 哪些人為活動會造成大氣中二氧化碳濃度的增加？

哪些人為活動會造成大氣中二氧化碳濃度的增加？

海洋如何幫助吸收大氣中的二氧化碳？又海洋每年大約吸收多少人為活動所排放的二氧化碳？

什麼是海洋酸化？海洋酸化的原因？

科學家如何確認海洋酸化的確正在發生？

海洋酸化會如何影響海洋生物的生長？又會對整個海洋食物鏈的結構造成怎樣的影響？

如何能減緩海洋酸化的速率？

氣候變遷如何影響漁業以及你我的生活

　　「氣候」是指大氣中包含溫度、溼度、降水等「長期」平均狀態。由於地球氣候不斷地在變化，造成氣候變遷的因素眾多，主要可區分為自然及人為因素造成的氣候變遷。引起全人類關注的氣候變遷，是指人為排放溫室氣體造成的全球暖化與極端天候。根據聯合國政府間氣候變遷專門委員會 (Intergovernmental Panel on Climate Change, IPCC) 於 2021 年 8 月公布氣候變遷第六次評估報告，更加確認全球暖化的狀況將持續發生，只有在最低排放情境下，全球溫度才會在本世紀中達到升溫 1.6°C，然後開始緩慢下降，其他排放情境都會使溫度持續上升。在最高排放情境下，21 世紀中升

溫約 2.4°C，世紀末則高達 4.4°C。世界氣象組織 (World Meteorological Organization, WMO) 每年發布的十年氣候預報，2021 年就提及 1.5°C 可能在 2021～2030 年間就發生。

　　根據交通部中央氣象局的氣象觀測資料發現，過去 50 年臺灣的冬天變短了 1 個月，夏天變長了 1 個月。相較於陸地，海洋暖化的趨勢較為緩慢且不易感受到，因為海洋具有超大的體積、質量與熱容，一般總認為它能恢復過來；但事實並非如此，一旦海洋的變化超過臨界值，達到失衡狀態，其影響將比陸地更為深遠。全球暖化已進入全面發燒階段，已引發海溫的全面上升及海洋生態系的錯亂，直接影響到海洋中的漁業生物、漁業生產及你我的生活。

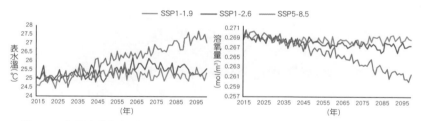

▲ 圖 8-4　在最高排放情境下 (SSP5-8.5)，未來海洋表水溫將持續上升，溶氧量則會呈現下降的現象

氣候變遷對漁場環境的影響

　　西北太平洋邊緣海域的水溫上升情形，近百年來全海域平均上升 1.16°C，其幅度高於世界平均值。不少國內外研究指出在海洋暖

化趨勢下，**魚種普遍有向高緯度擴散的傾向**，並預測將導致中低緯度傳統漁場漁獲潛能下降。臺灣周邊海域是海洋暖化的熱區之一，表水溫自 1980 年代至今平均已上升超過 0.8°C，周邊主要海流黑潮、大陸沿岸流、南海海流勢力消長，造成水溫上升速率是世界平均的兩倍。海溫持續上升導致周邊魚類的分布與洄游時序的重新適應，例如東黃海南下臺灣海峽水域產卵及越冬之經濟魚種向北退縮，而黑潮主流、支流及南海海流之暖水性魚種向北擴張。

除了海流系統的改變外，海平面上升與暴潮的事件發生，會改變沿岸重要棲地的地形地貌，也可能使漁撈淺海養殖活動之風險增加、海難發生頻繁，作業日數縮減。漁民賴以為生的漁業資源，全球暖化下導致環境改變，浮游生物（食物）的數量就會減少，捕食者（掠食者）的攝食就會改變，食物鏈中的物種組成及魚種之間繁殖期也會錯亂；另外溫度的變化，也會促使魚種改變棲息的位置，漁民累積的經驗可能失效，必須改變作業位置或者更改捕捉的魚種，才能在變遷洋中討海。另外，海洋環境可能有熱帶化 (tropicalization) 趨勢，此將是臺灣漁業的一大隱憂，不少國外研究指出在海洋暖化趨勢下，魚種普遍有向高緯度擴散的傾向，並預測將導致中低緯度傳統漁場漁獲潛能下降（註：熱帶海洋的生產力低於溫帶海洋）。

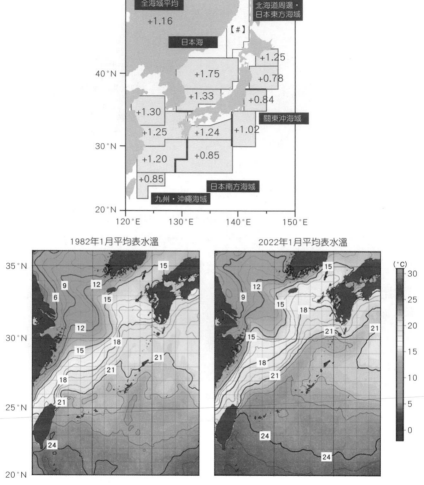

▲ 圖 8-5　西北太平洋近百年水溫上升幅度　（上）　及 1982 與 2022 冬季表水溫比較
（下）（圖片來源：日本氣象廳）

對臺灣水產品供給穩定的影響

　　臺灣四面環海，且地理位置介於亞熱帶，冷暖水系的水產品豐富且多樣，氣候變遷趨勢下，水產品的供應遭受影響。以家中較常食用的洄游性魚類為例，九〇年代以前，冬、春是臺灣的主漁汛期，烏魚、鯖魚、白帶魚等東海水系的冷水性魚種在冬、春季月份隨大陸沿岸流南下，常常獲得大量的漁獲；九〇年代以後，冷水性魚類的漁獲量日益減少，暖水性魚類（例如鰹魚、飛魚、鬼頭刀等）的漁獲比例則逐年攀升，導致漁獲量與質的改變，漁獲的產值有明顯下降的趨勢。目前了解受到具體衝擊至少包括：野生烏魚的捕獲量減少 90% 以上，漁場位置日漸往北移；魩鱙漁業組成的改變，冷水性的日本鯷逐漸被暖水性的公鰻所取代；鯖鰺漁業漁獲白腹鯖（冷水性）與花腹鯖（暖水性）比例呈現消長；定置網漁獲組成顯示海洋環境有熱帶化的趨勢。

　　此現象反映了臺灣附近海域也正在上演魚種向高緯度擴散的全球性現象，最令人擔憂的是整體漁獲潛能的實質損失，在暖化趨勢下，冷水性魚種的越冬洄游帶來的豐漁，未來將愈來愈少，暖水性魚種雖然可能增加，但其豐度與品質難以取代冷水性魚種，此將造成海洋漁業與生態的嚴重影響。

　　此外，暖化現象所造成之極端海象，在臺灣之發生頻率變高，給臺灣海洋生態系、箱網養殖、陸上養殖及淺海養殖帶來毀滅性之災害，例如暖化下的寒害發生頻率漸少，但高溫導致的牡蠣小型化與產量減少狀況則是愈來愈頻繁，將導致漁民生計不穩及民眾取得

食用魚的管道間接受到衝擊。以養殖業者與漁民的角度來看，因為氣候變遷的關係導致魚類生長的環境發生改變，進而影響到水生動物的成長速度或者是捕捉的漁場位置受到改變。對漁村以及臺灣社會而言，由於在地水產品供應量減少，漁民的生計愈發不穩定，在

▲ 圖 8-6　臺灣沿近海的冷水性魚種數量已日益減少

▲ 圖 8-7　暖化現象所造成之極端海象將對海上箱網養殖業者帶來損失

大家購買的海鮮魚類產品會隨之改變或者必須仰賴進口，不僅可能有食品安全的疑慮，也可能衍生碳稅、碳里程及碳標籤的問題產生，這些事情都正在發生中，與你我的生活將息息相關。

調適策略與永續發展

　　氣候環境變化的狀況下每個國家的政府或民間機構在養殖或漁業捕撈方面都有一些調整策略，例如在漁業捕撈方面短期可以使用漁業保險、政府補助暫穩漁民生計。然在氣候變遷無可避免的前提下，積極往他國經濟水域開發新漁場，或改變漁獲物種及改良節能漁具，發展新的利用管道勢必會成為未來的趨勢。在水產養殖方面，不光可以利用高容度的循環水養殖，也能開發養殖的新品種亦或是投餵的餌料以及方法，促進市場與商品多樣化，更能落實水產品檢驗、產銷履歷以及生態標籤等措施，使社會大眾對於自己所購買的水產品在安全疑慮上有更好的把關，降低產生疾病的風險。

　　又隨著氣候變遷與日俱增與環境面臨災害的衝擊，除了上述氣候變遷下海洋生物豐度與分布的影響外，脆弱度的議題對於漁業與海洋生態風險評估管理成為極為重要的研究範疇。聯合國政府氣候間變遷委員會於第四次評估報告中，在氣候變遷背景下對脆弱度解釋其構成的要素為「潛在影響」及「適應力」兩類，潛在影響包含暴露度和敏感度，是會造成負面影響的因子；調適力則是正面影響的因子。所謂「暴露度」指海洋生物棲息海域的環境系統，在特定壓力擾動下，接近危害的程度；「敏感度」指其內在條件受到災害發生時受到的影響程度，「調適力」意指面臨災害威脅時，展現出抗災

韌性減少衝擊。因此如能透過長期收集相關數據，研究海洋生態系統處於風險中而出現物種多樣性與豐度降低、棲地範圍改變或回復的能力，不僅能確認系統處於危險程度，並且可以瞭解系統經歷災害時的敏感性與彈性。

除了各式的調整策略以及改變措施，永續發展才是更應該注重的議題，在 2015 年聯合國啟動「2030 永續發展目標」(SDGs)，共提出 17 項 SDG，作為引導全球政府與企業共同邁向永續發展的核心目標。氣候變化是對我們整個文明的真實且不可否認的威脅，SDG 13 是 Climate Action （氣候行動），目標以「完備減緩調適行動，因應氣候變遷及其影響」，其中相對的應對措施包含：(1)強化各國對氣候變遷浩劫、自然災害的抵禦和適應能力、(2)將氣候變遷因應措施納入國家政策、策略和規劃當中與(3)針對氣候變遷的減緩、調適、減輕衝擊和及早預警，加強教育和意識提升，提升機構與人員能力，另外也要提高能力進行有效的氣候變遷規劃與管理。

近岸漁業受到氣候變遷衝擊下，許多國家也開始實施因應方法，各國行動相關案例皆是以海岸棲地保護、管理政策訂定與宣傳教育提升等三大面向為主軸，同時以事先預防勝於事後補救需花費更多人力、物力的理念執行。如果無法使相關沿岸生態系統適應未來的氣候變異和極端事件加劇的變化，就可能導致基礎設施或技術開發所需的資本大量增加，同時也失去降低適應成本的機會。因此透過利用現有技術，並制定氣候變化應對計劃等部門，同時針對氣候變化的脆弱性和已有應對機制作進一步的研究，有效地為未來潛在的氣候變化相關措施提供依據，將更能抵抗氣候的變遷，這些變化也

為我們的基礎設施現代化提供了巨大的機會，在促進永續利用與發展下亦能創造新的就業機會，並促進全球更大的繁榮。

相關課程設計

全球變遷課程中主要探討全球以及地方的環境變遷議題，特別強調 SDGs 之氣候行動 (SDG 13) 及保育海洋生態 (SDG 14) 的內容，每週不同議題的課程安排，可以讓學生一步一步了解到全球暖化、氣候變遷、臭氧洞、海洋酸化、海水面升降、水資源、自然災害、生產力變化、水資源變化對環境影響有多少，可以讓修課學生針對每個議題中「背景事實」、「變遷衝擊」、「變遷因應」及「永續發展」有足夠的理解，並在有限的課堂時間中引導學生發表各自對於海洋環境的改變與漁業受影響的想法。

另外漁法學課程為環漁系必修課程之一，在如何持續海洋永續發展與利用是 SDG 13（氣候行動）和 SDG 14（保育海洋生態）所關注的全球性議題的前提下，進一步探討過去和現在相同漁具漁法下是否有所改變，以及介紹採捕各種水界生物需要之最適合的漁具與漁法漁撈其作業過程順序與最適合的季節選定。另外會讓修課學生透過實地訪查漁民實際了解漁法使用方法，而不是在課本上看到的圖片。結束後將訪談結果以及關於氣候變遷影響漁民捕撈的相關事件彙整並在課堂上分享給其他修課同學與授課老師，讓大家也可以一同參與訪談成果的展示。

CHAPTER 9

SDG 17 加持落實 SDG 14 實現：海洋永續夥伴關係建立與攜手協力 (SDG 17)

國立臺灣海洋大學　共同教育中心
農業部水產試驗所　海洋漁業組
陳均龍

海洋是高度複雜、跨域且多元利用的三維度空間，為了有效地進行管理，必須有多元的權益關係人溝通與協調，基於權益關係人理論找出潛在合作與競爭 (Savage et al., 1991)，建立不同的夥伴關係。聯合國將 2022 世界海洋日主題訂定為「振興：海洋的集體行動」(Revitalization: Collective Action for the Ocean)，可以看出守護海洋已經不是單一個體、政府或者組織的事務，透過世界海洋日有望提醒社會大眾海洋對日常生活的重要性，讓社會大眾有更多人可以知道人類活動對海洋的影響。同時我們也應該推動全球公民守護海洋運動，動員和團結全世界共同開展永續管理世界海洋的重要性。

前言

SDG 17 重點在於建立國際的夥伴關係，著重於國際間的經濟、科技、政策的合作關係，並且強調應提供開發中國家與低度開發國家的必要協助，以消弭國家之間的差距，共同邁向永續的未來。SDG 17 總計有 19 個細項目標，其內涵包括國內外各種支援與合作協力。因此時至今日，公私協力夥伴關係已發展成為實踐永續發展的重要手段之一，這並不是嶄新的觀念，而是人類歷史發展上由來已久的互動模式。然而夥伴關係對於實現永續發展的意義在於，作為一種基礎設施項目財務機制並強調能力建構和知識分享的必要性 (Jomo et al., 2016)。因此著眼在 SDG 14 海洋永續發展實現下，夥伴關係更應著眼在全球層面上去發展，也必須在國內的各層級組織間發展夥伴關係，才能促使海洋永續透過 SDG 17 的層面予以實現，促使海洋永續發展的緊密夥伴關係與網絡。

　　基於 SDG 17 之內涵，我們可以理解到透過國際網絡將我國經驗拓展，甚至是與國際組織結盟與互動是非常重要的過程，更可以透過國際網絡與其他國家合作，或者資助需發展的國家以達成海洋永續的機會。

🖰 案例：海洋科研國際攜手邁進

　　聯合國在 2017 年提出 「海洋科學永續發展十年計畫」 (The Ocean Decade)，自 2021 至 2030 年間執行，深化海洋科學知識和保護海洋健康。海洋永續須緊扣著海洋科學永續發展，以知識與研發的力量去支撐海洋的永續成長與發展。海洋科學永續發展十年計畫的願景是「為我們想要的海洋提供所需的科學」(the science we need for the ocean we want)，因此可以將這視為一場海洋科學革命，將對人類與海洋的關係帶來改變。海洋科學永續發展十年計畫召集來自不同領域的科學家、資源提供者、政府、企業體、慈善基金會、聯合國機構和其他權益關係人，以凝聚出產製新科學知識與發展所需的夥伴關係，藉此支持良好運行、具生產力、富有彈性的永續海洋。

　　基於前述發展，聯合國教科文組織政府間海洋委員會 (Intergovernmental Oceanographic Commission, IOC) 更成立了「海洋十年聯盟」(Ocean Decade Alliance)，該聯盟成立的宗旨在於建立一個由合作夥伴組成的網絡，支持資源調動、網絡和影響力來促成海洋科學永續發展十年計畫。該聯盟提供了一個全球平臺，專注於行動和解決方案的共同開發，支持各種形式的海洋科學資源調動，以實現海洋十年的願景，從而對「2030 永續發展議程」做出貢獻。

　　為實踐 SDG 17 在我國海洋永續之推動，在國內的學研單位，包括海大與農業部水產試驗所（以下簡稱水試所）等單位的大力推動下，已經逐步開展各項公私協力夥伴關係建構，在永續發展的趨勢下，有愈來愈多組織、單位都進行著不同層級、尺度的跨領域夥伴關係網絡，有藉由企業所主導、政府所主導以及國際組織所主導的各種夥伴關係網絡。由於族繁不及備載，以下僅提供幾個較為知名或者重要的案例，以便讀者能更深入地理解夥伴關係的重要性。

　　我國的海洋科學界已經在科技部（現為國家科學與技術委員會）會同海洋委員會協助學界於 2021 年成立「臺灣海洋聯盟」(Taiwan Ocean Union, TOU)，作為海洋學術及跨領域協作平臺以對應到聯合國的「海洋科學永續發展十年計畫」。臺灣海洋聯盟的成立目的是為了串連臺灣學研界，提前布局臺灣海洋前瞻科學與關鍵技術。其工作將扣合「2021～2030 年聯合國海洋科研永續發展十年」目標，鏈結臺灣海洋關鍵科技成果、接軌國際海洋永續發展議題、引導臺灣產官學研界共同推動海洋科研事務，建立海洋科學知識整合到轉化為行動治理的永續發展平臺。因此，臺灣海洋聯盟是促進國內學研合作夥伴關係的重要推手之一。

　　此外，Future Earth 是國際上永續科學推動的重要組織，Future Earth 國際科學計畫是由中央研究院李遠哲前院長擔任世界科學院 (The World Academy of Sciences, TWAS) 院長時推動，是一個針對全球環境變遷與永續發展的全球性科學平臺。Future Earth 匯聚世界各地、不同學術領域的研究人員與學者，並支持研究人員與權益關係人之間的國際合作，以識別與轉譯社會所需的綜合知識。Future

Earth 以跨學科研究和系統思維方法，將基礎研究和應用研究相結合，以產生具操作性、以及解決方案為導向的知識，為各級治理決策者與從業者提供資訊並協助決策。而在國內亦對應國際發展，未來地球中華民國委員會 (Future Earth Taipei) 由中央研究院永續科學中心協助運作，以對接國際的 Future Earth，促進跨科學 (transdisciplinary) 解決方案以及權益關係人參與的永續發展研究，並定期舉行會議，加強與國內外合作夥伴的聯繫和互動。

在 Future Earth 國際計畫的支持下，其下建構 Ocean KAN (Knowledge to Action) 國際平臺。在國際間，Ocean KAN 由科學家與權益關係人組成，旨在促進海洋科學的共同設計 (co-design) 和共同創造 (co-production)，以促進海洋的永續發展，驅動權益關係人參與海洋科學活動，以滿足決策者的需求。而我國亦成立對應的 Ocean KAN Taipei 工作小組 (working group)，由中央研究院環境變遷研究中心召集，小組內有多位國內海洋科學跨領域的知名學者所組成。因此我們可以理解到科研發展的國際合作與夥伴關係建立上已經長足的進展，然而在落地實踐上，除了科學家與學者的努力外，仍須將艱深理論透過研究人員、政府機構與社區的轉譯，落實在第一線的權益關係人身上。

策略：科研帶動永續案例在地落實

永續發展是國際上對於全體人類發展的普世價值，而兼顧環境、經濟與社會三個面向的和諧共生是通往永續發展必經路徑。基於我國在海洋科研國際合作的基礎下，我們理解到永續發展的推動是一

個綿密的跨國際、跨部門、跨單位的合作過程，科學家的投入僅為開端，更重要的是落地實踐，因此本文提供水試所推動里海，透過加入里山倡議國際夥伴關係 (International Partnership for the Satoyama Initiative, IPSI) 實現漁村里海的在地全球化作為科研帶動永續案例在地落實之策略說明。

1992 年，國際上簽署了《生物多樣性公約》 (Convention on Biological Diversity, CBD)，開啟世界各國合力推動保護生物多樣性與永續發展工作。CBD 在 2010 年時於日本愛知縣名古屋市舉辦國際《生物多樣性公約》 第十屆締約國大會， 提出 「愛知目標」 (Aichi Targets)。「里山倡議」(Satoyama Initiative) 這個耳熟能詳的理念便在該次會議提出，開始啟動了 IPSI，作為實現「愛知目標」及達成維護生物多樣性保育、保存地方傳統知識及社區發展目標之重要依循。 里山倡議以三摺法 (three-fold approach) 來維持或重建社會生態的生產地景，其三摺法之措施包括：⑴統合保存多樣性生態系統服務與價值的智慧 (wisdom)；⑵結合傳統知識與現代科學；⑶探索共同管理體系 (co-management systems) 的新型態。因此，三摺法的特色在於如何將生態系服務的價值展現出，並利用智慧去深刻理解如何維護生態資源用以提升人類的整體福祉。另一個關鍵是如何將傳統知識和現代科學相結合，開展良好的新舊融合與夥伴關係，引入新形式的共同管理系統來作為管理生態資源的重要途徑。

里海 (satoumi) 是衍生自里山的精神與理念，以推動海洋資源永續利用與人類聚落的和諧共存為主要目的。居住在海邊的居民，不論是沿岸採捕或是海洋捕撈，皆倚賴大海維生。然而海洋資源並非取之

不盡、用之不竭，加上受到環境變動等各項因素的影響，更需要合理且有限度地利用，里海推動目標就是促進漁村與海洋的互利共生。海岸漁村社區面臨氣候變遷、人口外流、勞動力老化與海洋資源豐富度遞減的發展困境，為了提出漁村永續的可能解方，農委會水試所導入里海理念去進行漁村的實務研究並投入輔導，推動里海願景工程，期盼能有助於漁村發展及海洋永續利用，逐步朝向人海共生、共榮與共好邁進。在林務局所主導的「國土生態保育綠色網絡建置計畫」的支持下，水試所與國立臺灣海洋大學緊密合作、借重國立成功大學、小社區大事件社企平臺、魚樂天地有限公司以及臺灣海洋環境教育推廣協會、各地漁會以及縣市政府等單位的專長，運用公私協力結合民間資源逐步盤點全臺漁村的里海場域（圖 9–1）。

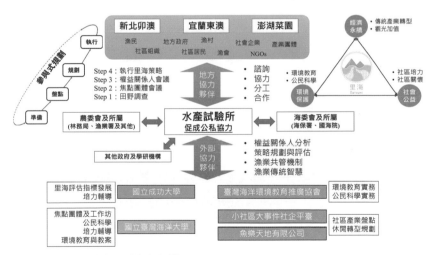

▲ 圖 9-1　里海夥伴團隊合作架構

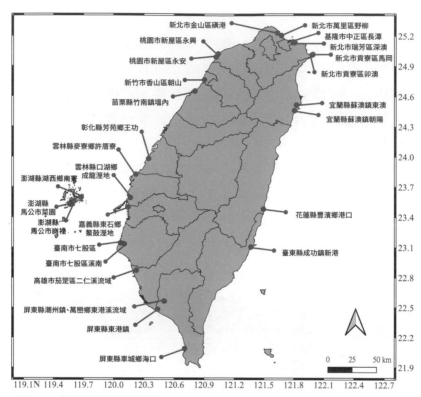

▲ 圖 9-2　全臺漁村的里海場域

　　聯合國所屬的《里山倡議國際夥伴關係網絡》(IPSI) 為推動里山里海永續發展的重要國際組織，我國至今已有十餘個單位加入該組織。IPSI 也定期發展跨國合作計畫，並資助對應的資金需求協助國際上推動地區型的合作與工作。在海洋與海岸永續推動的需求下，

水試所於 2020 年 9 月向 IPSI❶ 提出加入成員之申請，在 2021 年 1 月通過該組織執行委員會 (steering committee) 的審核，成功加入日本政府與聯合國大學高等研究所 (UNU-IAS) 合作推動的 IPSI 組織，成為 IPSI 極少數以推動海洋永續與里海發展為主要專長的成員之一。

由於我國加入國際組織實屬不易，IPSI 是隸屬於聯合國體系，除了將我國在里山里海所做的努力讓國際社會了解，同時也可以第一時間掌握到國際上有關自然生態保育、農漁村社區發展等面向的最新發展。在 2022 年 6 月，水試所獲邀出席相關線上工作坊，對於生態系統保全與生態復育議題上加以討論與互動，提供臺灣在海岸上的經驗與作法，未來 IPSI 成員更可能受邀出席相關次委員會及國際會議，對國際社會提出建議與需求，發揮影響力。

IPSI 官方網站已刊登水試所推動的個案分析案例（圖 9–3），該案例中簡介了水試所在推動「里海場域調查與評估」、「里海典範場域實務輔導」以及「里海理念之推廣與擴散」等三個里海推動之階段性任務。此外水試所也另外提交稿件 (Engaging local people around SEPLS for practicing collaborative governance in Mao'ao Bay of Taiwan) 到 IPSI 主題彙編 (Satoyama Initiative Thematic Review Vol. 8) 專書。IPSI 主題彙編是 IPSI 每年出版的重要書籍，透過水試所累積三年在臺灣里海實踐的推動經驗轉化為里海推廣的方法論，

---

❶ https://satoyama-initiative.org/

將臺灣所建立里海推動平臺與網絡的經驗供全球 IPSI 成員及相關夥伴參考，進一步深化國際交流。

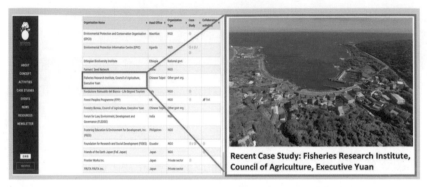

▲ 圖 9-3　水試所個案研究報告已刊登於聯合國所屬 IPSI 官方網站 ❷

論述：從國際尺度帶入國內外跨部門合作

　　由前述的案例與策略說明可以發現，在國際層級與國內層級，已經有多個海洋科學夥伴關係逐漸成型，並趨於完整，可望帶動國內外不同層級的科學家、研究者與權益關係人之間的合作，提供海洋永續科學所需的資訊、知識與能量。除此之外，在政府尺度的海洋永續夥伴關係建立上，也有許多單位投入，包括農業部在國土生態保育綠色網絡計畫的基礎下，建立森川里海與生態藍道的夥伴關

---

❷ https://satoyama-initiative.org/case_studies/test-satoumi-areas-and-networks-in-taiwan-the-integrity-and-connection-among-forests-rivers-human-settlement-and-seas/

係網路與協同治理，在既有的漁業署及水試所的內在夥伴基礎之下，除了納入海岸及海洋永續夥伴，更在整個國土尺度上與流域、淺山等區域進行跨區域的合作與共管。在內政部則是透過營建署辦理在地連結推動海岸管理計畫，將中央海岸管理事務與地方政府、民間團體、學者專家及在地團體加以連結，形成夥伴關係，以推動海岸永續發展之目標。此外行政院環境保護署則是在 2017 年與環保公民團體共同成立「臺灣海洋廢棄物治理平臺」，由於各方均共同體認海洋廢棄物的複雜本質與單一機關或團體的能力侷限，同時迫切感受到各層面工作應儘速啟動，以公私協力為主要推動原則，邀請相關機關單位參與討論，持續影響權益關係人，帶動整體社會的關注與響應，以減少海洋廢棄物之產生與衝擊。

在國際合作上，海洋及漁業議題是亞太地區重要經濟性產業，我國也積極參與亞太經濟合作組織 (APEC) 相關的海洋工作。例如，我國長期參加 APEC 海洋及漁業工作小組 (Ocean and Fisheries Working Group)，該小組是由海洋資源保育工作小組 (Marine Resources Conservation Working Group) 與漁業工作小組 (Fisheries Working Group) 於 2011 年合併成立。其工作內容以討論海洋資源保育、捕撈漁業及養殖漁業為主。因此歷來我國環保署、漁業署及海洋保育署皆積極參與當中有關漁業、海洋環境、海洋汙染、海洋廢棄物等重要議題的討論。此外，我國亦舉辦 APEC 企業／私人部門參與海洋環境永續性圓桌會議，逐年討論當時的重要海洋環境永續議題，透過與會專家學者與權益關係人的共同討論，在 APEC 的合作架構下促使會員體之間對海洋永續的合作與夥伴關係。

另外從企業的角度切入，企業的發展來到今日除了追求本身的財務獲利以外，也需要重視所謂的企業社會責任 (Corporate Social Responsibility, CSR) 以提升公司治理。近來也有許多企業在 CSR 的基礎下逐步地開展 ESG 原則來推動企業組織發展。所謂的 ESG：E 是環境 (environment)、S 是社會 (social)、G 則是公司治理 (governance)。此概念是世界銀行在 2004 年所提出，認為除了傳統的財務指標，也應將 ESG 納入評量一個公司經營的重要準則，目前已逐漸被大家所認同，因此企業也紛紛響應 ESG 的執行，作為實踐永續發展的方式 (World Bank, 2004)。其中，台達電是我國深耕海洋永續，實踐 ESG 的重要案例，並推動著由企業為主體的夥伴關係發展。

台達電子文教基金會在 1990 年設立，由創辦人鄭崇華先生與台達電子公司共同成立基金會，投入科技研發、教育、環保等工作，藉以回饋社會。近年來，台達電文教基金會有感於全球暖化所帶來的危機，造成大環境的脆弱、物種瀕危、資源耗竭等世紀危機，因此將環境保護列為首要任務，尤其是關切提高能源使用效率，尋求文明發展與自然永續的平衡關係。近年來台達電子文教基金會展開一系列「厚生海洋」倡議，攜手專業海洋保育團隊（如臺灣山海天使環境保育協會）以及國立海洋科技博物館等公、私立夥伴單位，投入東北角珊瑚復育工作。實際擇定位於東北角龍洞附近的九孔池，將其轉為珊瑚復育場域，透過經費支持實際行動，形成產業、民間組織與研究單位合作的絕佳案例。

由以上論述我們可以得知，SDG 17 與 SDG 14 的互動加持，是通往海洋永續的必經道路，因此不管是在課堂活動或者對一般民眾所提供的課程，最重要的是可以讓全體海洋公民體認到自己身為海洋永續推動的一分子，且具備國內外參與及合作的能力。

活動

透過不同課程埋下人人皆可參與永續的種子，連結成海洋永續夥伴網絡。

學校教學課程「海洋永續在地參與」

從永續發展基本理念開始說明，並邀請業師講授海洋廢棄物議題、海洋城市的青年參與及企業投資在地海洋保育等議題，讓學生理解在地社群如何投入海洋永續發展，分享其親身投入的寶貴經驗，引導學生以永續發展的全球思維去形成具體的在

▲ 圖 9-4　里海王桌遊體驗

地行動。為了讓學生對於課程主題有概念，授課教師除了介紹海洋永續、在地參與的概念及背後的精神與實際作法，同時導入桌遊「我要成為里海王」，讓學生從有趣的遊戲設定中，明白人類社會的發展與海洋永續的關係。

　　並透過分組方式，將上課所學知識與文獻調查彙整並實際進行訪談，讓學生親身與在地參與者及漁民對談，並在課堂上回饋分享。實踐以場域為基礎，設計知識、實作課程，讓學生從多面向了解海洋永續議題，並串起 SDGs 發展目標、在地問題及多元能力培養。

　　亦可帶領學生前往本課程場域周遭的國立海洋科技博物館、長潭里漁港以及潮境公園，理解海洋永續在地參與的理念及實踐，以及海洋保護區的成立過程、在地人及志工投入的保育行動。隨著海洋志工的腳步認識地方與海洋之間的關係與歷史，鼓勵學生思考「志工為何投入行動？實際行動如何發展？以及我可以再為海洋做些什麼？」透過讓學生學習主動提問、設計訪談、以及親自訪談來得到可能的答案，讓學生所收穫到的知識、認知與理解能更加深刻地被牢記在心，內化成未來可能的海洋行動。

▲ 圖 9-5　大學課程期望促使青年投入海洋永續行動　（左：室內授課；右：室外參訪）

社區環教課程「環境教育及里海公民科學家課程」

　　透過事前訪視、焦點團體座談會及次級資料蒐集，在評估當地社會與生態系統條件後，針對不同的漁村社區，發展不同的環境教育課程，並培養當地居民了解海洋永續的重要性，期望漁民對生態及資源有更深的連結，進一步使在地居民成為守望海洋生態資源的第一線。以社區居民及周圍國小學生為參與對象，以上游溪流、魚種紀錄、漁村特色與文化、潮間帶、珊瑚生態、生物多樣性、浮潛體驗、導覽技能培育、實作體驗活動及里山里海永續利用等為主軸，規劃海洋環境教育與公民科學家增能課程。

　　實際的里海行動帶領當地漁民、海人在水下拉測線並以水下攝影機沿著測線拍攝及記錄周遭生物，後續交由專家分析底質與物種。建構長期監測資料，以了解海底地質、資源分布現況、資源變遷趨勢、氣候與天然災害的影響、遊憩或漁業等人為活動的干擾，後續可作為海洋生態基礎資料及管理成效依據，亦可作為社區遊程的一環或海洋環境教育素材。

▲ 圖 9-6　和漁村居民建構在地夥伴關係

大眾體驗課程「里海體驗團」

經過盤點漁村社區資源，凝聚居民共識，並導入各式增能課程及公民科學的培養，建構專屬社區的特色遊程。為讓更多民眾能前往里海場域，體驗里海生活型態並理解漁村發展現況，廣邀大眾親自前來

▲ 圖 9-7　民眾參與里海體驗團

里海漁村，了解在地對海洋資源的利用及人如何與海洋共榮共存。

期望透過居民共同參與，將里海精神與在地遊程結合，逐步發展成自主經營模式。而社區致力於漁村產業轉型，期望能對當地海洋資源與生態環境建立更好的管理模式，同時發展具有環境教育的漁村觀光產業。里海體驗團強化沿海自然地景與在地傳統知識，帶領民眾認識漁村生態環境及漁民產業相關文化，活動邀請社區組織與地方工作者共同參與，帶領民眾認識社區里海故事。

▲ 圖 9-8　和漁村居民建構在地夥伴關係

後記

潑彩一抹湛藍的未來：
關於 SDG 14 的永續行動

總策劃　李明安
主編　謝玉玲

　　海洋占地球總面積的 71%，是生命的起源，也挑戰人類的想像力，更是一片巨大留白尚待人類持續探索的疆域。二十世紀以來，科學家經由各式研究對廣義的海洋環境進行更深的認識與探索，然而海洋變化多端，時至今日，無論是洋流活動的頻繁性、海中生物的存在或遷徙，甚至海洋對人類廢棄物的含容狀態，以及海洋對氣候調節的影響，遠比人們想的更加複雜。二十世紀重要的環境保護主義先驅瑞秋‧卡森 (Rachel L. Carson) 在其重要著作 《寂靜的春天》(Carson, 1962) 中就指出，地球上生命的進程，始終是生物與環境相互作用的歷史。現在居住在地球上的生物，是經過幾十億年時間演化而來；在這段幾近永恆的時間裡，生物已發展、演化、分化到得以適應環境並與之達成平衡的程度，但人類對資源的需索透過工業與科技的力量給環境帶來莫大的壓力，甚至足以影響到居住的環境，包括空氣、土壤、河川與海洋等，由於這種衝擊大多是不可逆的，其所引發的禍端，可能對世界造成無可挽回的傷害，也殃及到生物本身。卡森 (1962) 也認為現代人類的行為模式帶給自然界許多複雜難解的問題，溫室效應讓地球暖化現象嚴重，海水溫度升高，導致氣候變遷加劇，冰川、冰棚的融解造成海平面上升，極端天氣形態如暴雨、洪災、野火已不再是電影場景，其引發全球在經濟成長、社會平權、貧富差距等種種難題，已經對人類生活與生存形成重大壓力與考驗（圖 I）(FAO, 2022)。聯合國在 2015 年宣布「2030永續發展目標」(Sustainable Development Goals, SDGs)，確定 17 項SDGs 目標，旨在提出具體的方法解決環境、社會、經濟的問題，並於 2017 年提出海洋十年，我國亦在國家科學與技術委員會的推動

下成立「臺灣海洋聯盟」，這些均是致力於深化海洋科學知識和保護海洋健康的作為，期待世界各國 2030 年以前擴大攜手合作面向與能量，以世界農糧組織「更好生產、更好營養、更好環境、更好生活」4 個更好的藍色轉型 (Blue transformation) 策略框架共同承擔，為當代與下一代創造福祉，邁向自然與文化文明的永續發展。

　　在 17 項 SDGs 目標中，SDG 14 (Life Below Water) 是唯一針對「海洋」議題進行倡議海洋保育及永續利用海洋資源，以確保生物多樣性並防止海洋環境劣化的指標；其列舉 10 點細項則已涵蓋海洋汙染、海洋保育、減緩海洋酸化、規範海洋生物資源過度捕撈與海洋法規制訂等具體作為。國立臺灣海洋大學是全國唯一以海洋為主要研究特色的指標性大學，SDG 14 目標的行動與實踐，實為海大義無反顧的任務與使命。事實上，一般社會大眾對海洋相關先備知識的認知相當陌生，因此如何闡明 SDGs 第 14 項目標的內涵、精神，

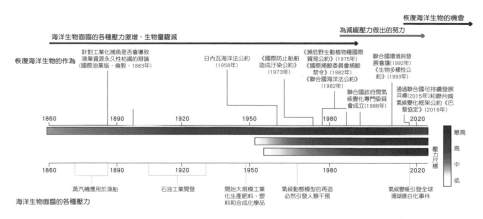

▲ 圖 I　人類之於海洋的各種壓力與因應作為及恢復海洋生物機會之歷程（重繪自 FAO, 2022）

並梳理與其他永續目標之間的關聯性及影響性，讓社會大眾能清楚認識海洋生態暨相關議題，是本書構思的緣起。其次，考量一般讀者在閱讀方面對海洋專業術語容易產生障礙與隔閡，本書在撰寫的過程中，作者群特別用較為簡單明瞭、貼近口語的語詞進行書寫，並分享實際案例以作為說明，期能將海洋專業知識普及化，讓讀者在閱讀過程中不僅容易吸收正確知識，也能同時享受閱讀的樂趣。再者，近 2～3 年在政府積極推動下，永續發展已是各級企業與學校的共識。晚近社會上永續發展相關課程如火如荼地推展，坊間亦有數本針對 SDGs 17 項目標內涵說明的相關書籍，但針對單一目標，尤其是 SDG 14 以海洋為主要論述議題的深入探討，尚付之闕如，因此規劃《SDG 14 的加減乘除：海洋生態的永續議題與實踐》一書有其必要性。

　　本書撰寫團隊的組成涵蓋海洋環境與資源學院、生命科學院、工學院、人文社會科學院與共同教育中心，在共同編撰本書之前，團隊部分教師在計畫主持人李明安特聘教授帶領下，參與執行 111 年教育部議題導向跨領域敘事力培育計畫（計畫名稱：海洋產業跨域與資源永續——創新實踐敘事力培育計畫）。透過計畫課程執行時與團隊成員及他校團隊進行切磋交流，種種在教學現場經歷的考驗，經過發想修正與調適，得以形塑本書各章節的初步樣貌。本書由海洋資源與環境變遷博士學位學程李明安特聘教授總策劃，共同教育中心謝玉玲教授主編，全書共計九章。第一章〈氣候變遷效應下的「漁」波盪漾 (SDG 14)〉由李明安特聘教授撰寫，從帛琉宣言談海洋生態保育，總論 SDG 14 目標的意義與其他永續發展目標的

關聯性，並兼及概述海大在永續發展議題上所做的努力與實踐。第二章〈當科技遇見海洋生產 (SDG 14 = 2 × 9 − 4)〉由水產養殖系廖柏凱助理教授撰寫，淺談導入人工智慧養殖和漁菜共生系統，解決傳統養殖面臨人力缺乏的困境，進而提生產能，對消弭飢餓貢獻心力。第三章〈餐桌、市場、課堂──在養殖與撈捕間的 SDGs 落實 (SDG 14 = 3 × 4 + 2 = 12 + 2)〉由水產養殖系黃之暘副教授撰寫，本章從水產出發，先論「從產地到餐桌」的認識與省思，再談水產資源的捕撈與加工，以及水產品的消費和利用。第四章〈知識、能力、技術──在包容與公平中的教育落實 (SDG 4)〉由師資培育中心張正杰教授撰寫，以海大臺灣海洋教育中心推動落實優質海洋教育為例，著重海洋教育人才的培育，同時討論將 STEM 整合教學架構融入海洋教育課程設計的成效。第五章〈從海洋環境保護看再生能源發展 (SDG 14 = 7 + 7)〉由河海工程學系簡連貴教授撰寫，從 2050 淨零碳排出發談再生能源的必要，同時考量再生能源帶來減少排放效果與生態環境衝擊。第六章〈如何透過海洋科技改善人類貧窮與食物不平權問題？SDG 10 = SDG 14 − (SDG 1 × SDG 2)^2〉由食品安全與風險管理研究所林詠凱教授、水產養殖系徐德華助理教授、龔紘毅副教授、黃章文副教授共同撰寫，首先討論食物正義與食物平權，如何消弭飢餓，其次分享海大擅長之基因選育技術積極應用在水產養殖上，除提供全球人口優質蛋白質外，並可減少氣候變遷風險，提高養殖產業收益，幫助低收入國家人口脫貧。第七章〈以日漸沉沒的樂園「吐瓦魯」看責任消費及生產 (SDG 12 + SDG 2)〉由食品科學系蕭心怡教授、劉修銘助理教授合撰，以水產品供應鏈為

例，探討吐瓦魯及臺灣水產品業者針對永續生產及消費的實例及反思，以減少氣候變遷所帶來的影響。第八章〈全球暖化的孿生雙胞胎：海洋酸化 (SDG 14 / SDG 13 + SDG 4 + SDG 2)〉由海洋環境與生態研究所周文臣教授、環境生物與漁業科學學系呂學榮教授、梁婷淯研究生、藍國瑋教授共同撰寫，探討大氣二氧化碳增加除造成全球暖化現象外，也引發另一個嚴肅的環境課題——海洋酸化。本章透過案例說明海洋酸化的三個核心議題，並以海洋酸化為例彰顯 SDG 14 與其他 SDGs 目標的緊密連結。第九章〈SDG 17 加持落實 SDG 14 實現：海洋永續夥伴關係建立與攜手協力 (SDG 17)〉由共同教育中心陳均龍兼任助理教授撰寫，展現為實踐 SDG 17 在我國海洋永續之推動，需開展各項公私協力夥伴關係建構，經由不同層級、尺度的跨領域夥伴關係網絡的案例分析，更深入理解夥伴關係的重要性。

策劃一本書的完成，難免會有一些遺珠之憾，其中 SDG 14 與其他永續指標之間的連結和影響，包括 SDG 5、SDG 6、SDG 8、SDG 9、SDG 11、SDG 15 與 SDG 16 等篇章，因為時間緣故未能及時收納，仍需留待日後進行增補。最後，行政院國家科學與技術委員會林敏聰副主委、海洋大學許泰文校長與李國添前校長於初稿完成之際給予推薦肯定，作者群與編輯陳昭榮先生的努力與辛勞，共同教育中心蘇琬雅行政專員、陳韻竹行政專員不憚繁瑣地協助校訂內文、註釋與聯繫，以及三民書局對本書的慧眼，我們衷心感謝。

海大位於島嶼北端的雨都，今 (2023) 年創校 70 年，曾經連續陰雨紛霏多日後，陽光乍現灑落海面，湛藍、碧色與墨綠富有層次

的顏彩映入眼簾，總讓人忘卻潮溼的憂鬱。何其幸運，校門正前方即面臨太平洋，讓海大師生與社區民眾漫步在校園就得以擁有寬闊無邊的美麗海景，輕易感受風雨天晴自然物候的遞嬗，怎麼能夠不親近海，不了解海？「海」是由水、人與母三個字組成，充分展現海洋是生命起源的意涵，因此積極投入海洋生態與環境永續之教學研究，不斷掘發海洋生命的奧祕，讓海洋生態環境之美與物種多樣性價值能世代流傳，海大絕對無法置身事外。永續行動是以堅持、韌性、友善、理解加上持之以恆，所建構出人與自然共存共感的旅程。本書只是一個開端，未來還有接續探討海洋生態環境與保育之豐富議題的成果產出，持續展現海大在永續海洋的教研能量。

附 錄

appendix

聯合國 17 項 SDGs 目標

▲ 聯合國提出的 17 個 SDGs 目標

▶ 掃 QRcode 可查看 SDGs 細項目標總覽

▶▶ 延伸閱讀

1. AI 養殖 「智慧水產雲」，資策會注入科技能量提升場域生產量能。
   2021 年。資策會與科技新報。

2. 未來科技館 (https://www.futuretech.org.tw/)

3. 「養殖與食魚文化」臉書社團
   (https://www.facebook.com/groups/1480665215534806)

4. 「敘事力課程-食魚文化踏查與體驗」臉書社團
   (https://www.facebook.com/groups/423591869518727)

5. 「臺灣里海」：海洋教育的延伸 (https://satoumi.tw/) (Access on May
   5, 2023)

6. 環境資訊中心-風機的水下世界　從風場開始思考海洋　學者：需長期監測與永續管理 (https://e-info.org.tw/node/220899) (Access on June 6, 2023)

7. 泛科學-太陽能光電板就是一大堆曝曬在外的電池、會汙染土壤與水質？關於太陽能板的迷思全破解 (https://pansci.asia/archives/347171) (Access on June 6, 2023)

8. 遠見雜誌-一次看懂 2050 淨零排放路徑及策略，影響臺灣未來 30 年的關鍵戰略 (https://www.gvm.com.tw/article/88501) (Access on June 6, 2023)

9. 商業周刊-《臺灣綠電使用現況總整理》太陽能、風電發電量已有顯著成長 (https://www.businessweekly.com.tw/carbon-reduction/blog/3011317) (Access on June 6, 2023)

10. 周文臣，〈海洋的文明病：海洋酸化〉，陳明德主編《海洋科學概論暨其時代議題》，臺北市，大石國際文化，2020，頁 72～95。

11. 周文臣、洪慶章、林幸助合著，〈海洋碳匯〉，陳綠蔚、盧虎生主編《碳匯之發展趨勢及國內策略研析》，臺北市，財團法人中技社，2022，頁 111～151。

12. 國際海洋研究台灣「站」一席之地 (https://news.ltn.com.tw/news/life/paper/1206034) (Access on April 17, 2023)

13. 海洋秘境 (https://www.youtube.com/watch?v=D-65zQtyDVc) (Access on April 17, 2023)

14. 海洋藍碳與負碳排 (https://www.youtube.com/watch?v=mlkZRZlzpgE) (Access on April 17, 2023)

15. TCCIP 台灣氣候變遷推估資訊與調適知識平台 >> 知識服務 >> 國際新知 (https://tccip.ncdr.nat.gov.tw/km_news.aspx) (Access on July 13, 2023)

16. 國際漁業資訊月刊，行政院農業委員會漁業署 (https://www.fa.gov.tw/view.php?theme=web_structure&id=177) (Access on July 13, 2023)

17. 臺灣里海資訊平臺 (https://satoumi.tw/) (Access on May 3, 2023)

18. 陳均龍、蕭堯仁、陳璋玲、張桂肇、徐岡 (2021)，走進微笑漁村：臺灣里海進行式，行政院農業委員會水產試驗所特刊 (https://www.tfrin.gov.tw/News_Content.aspx?n=301&s=238909)

19. 蕭堯仁、賴玟璟、陳均龍、黃宗舜、黃浻絜、唐炘炘 (2021)，臺灣里海：與海洋和諧共榮的社區故事，五南出版社。

▶▶ 參考資料

中文

1. 上下游新聞。臺灣飼料 95% 仰賴進口，疫情衝擊國際穀物市場，專家提醒，應重視糧食自給率 (March 30, 2020)。https://www.newsmarket.com.tw/blog/131108/ (Access on June 22, 2022)

2. 水產知識淺說：定置網的意義，行政院農業委員會水產試驗所 https://www.tfrin.gov.tw/News_Content.aspx?n=309&s=34236 (Access on June 6, 2023)

3. 水試所電子報第 146 期 (2018)，東澳栽培漁業區之世界海洋日親海、愛海、護海活動紀要 https://www.tfrin.gov.tw/friweb/frienews/enews0146/v1.html

4. 王順德 (2021)，養殖和遠洋水產哪個碳排低？答：資訊不透明買低碳海鮮和人生一樣難 https://www.delta-foundation.org.tw/blogdetail/3170 (Access on June 6, 2023)

5. 全球首隻「會喊餓」的矽藻，未來可望應用在環境檢測和生技製藥。農傳媒。2017 年 4 月 19 日，取自：https://www.agriharvest.tw/archives/23728 (Access on June 6, 2023)

6. 行政院環境保護署 (2022)，碳足跡介紹 https://cfp-calculate.tw/cfpc/Carbon/WebPage/FLFootIntroduction.aspx (Access on June 6, 2023)

7. 里海場域介紹：宜蘭縣蘇澳鎮東澳地區，臺灣里海 https://satoumi.tw/field-yilan/ (Access on June 6, 2023)

8. 卸漁申報系統，財團法人臺灣海洋保育與漁業永續基金會 https://www.toff.org.tw/page.php?menu_id=71&p_id=98

9. 東澳栽培漁業區 Facebook 粉絲團

https://www.facebook.com/dongaoseafarming

10. 林志鴻，虎斑烏賊苗的誘引馴餌飼料開發，水產養殖學系，2020，國立臺灣海洋大學，基隆市，pp. 61

11. 沿近海漁船捕撈蟳蟹類漁獲管制措施 https://law.coa.gov.tw/glrsnewsout/LawContent.aspx?id=GL000522 (Access on July 31, 2023)

12. 保巴可，溫度、餌料及鹽度對於石垣偽鏢水蚤 (Pseudodiaptomus ishigakiensis) 養殖之影響，水產養殖學系，2020，國立臺灣海洋大學，基隆市，pp. 63

13. 恆瑞國際有限公司 http://www.hr-env.com/ (Access on June 6, 2023)

14. 洪國堯，推動沿近海責任制漁業加強保育海洋資源，農政與農情，2011 (225)。

15. 美國新創將碳排化為魚飼料：讓魚兒吃掉二氧化碳，而不是吃光其他的魚 https://www.seinsights.asia/article/3289/3268/5162 (Access on June 6, 2023)

16. 捕魚的方法：臺灣魚類資料（林昕樺，2015）

https://fishdb.sinica.edu.tw/chi/culture/a4.phphttps://fishdb.sinica.edu.tw/chi/culture/a4.php

17. 海委會海保署，臺灣百種海洋動物圖鑑 2

https://www.oca.gov.tw/ch/home.jsp?id=522&parentpath=0,298,386&mcustomize=ocamaritime_view.jsp&dataserno=202202220015 (Access on July 31, 2023)

18. 國立臺灣海洋大學 (2020)。國立臺灣海洋大學大學社會責任年度報告書。國立臺灣海洋大學。122 pp.

19. 張瑞剛等 (2022)。SDGs 與台灣教育場域實踐。全華圖書股份有限公司。463 pp.

20. 產品碳足跡資訊網：碳足跡介紹
https://cfp-calculate.tw/cfpc/Carbon/WebPage/FLFootIntroduction.aspx (Access on June 6, 2023)

21. 陳榮輝 (1990)，水崖加工廠廢棄物廢水之處理，海大漁推，4 期。

22. 跨領域合作展成果-海大矽藻基因工程技術大突破。國立臺灣海洋大學海洋中心電子報，第二十四期。2015 年 7 月 1 日，取自：
http://www.ceo.ntou.edu.tw/ezfiles/48/1048/img/445/20150701.pdf

23. 農傳媒 (2018)，翻轉漁業新勢力，東澳漁業栽培區世界海洋日永續盛典 https://www.agriharvest.tw/archives/15298 (Access on June 6, 2023)

24. 廖羿雯，當精準育種中的基因編輯魔法　碰上水產養殖　臺灣海洋大學水產養殖學系副教授龔紘毅專訪。科學月刊，2023. 638: pp. 32-37。

25. 綠藤生機 Greenvines (2022)，年年有餘的永續選擇「慢魚運動」，參考臺灣海鮮選擇指南三大重點 https://blog.greenvines.com.tw/dr-lin-and-her-life-inspirations/slow-fish-movement/ (Access on June 6, 2023)

26. 臺灣海洋保育與漁業永續基金會，【海洋永續】看燈號吃海鮮？你的選擇決定在地與永續的發展 https://npost.tw/archives/61701 (Access on July 31, 2023)

27. 臺灣海鮮選擇指南第五版 (2021)
    https://fishdb.sinica.edu.tw/seafoodguide/index.html

28. 鄭宇倫、鍾惠先 (2022)。全球大型禁漁區之一：帛琉國家海洋庇護區，
    19: 27-30.

29. 黎育如 (2021)，【海洋永續】里海海田種下希望　東澳巡守隊投入永續
    漁業 https://npost.tw/archives/61910 (Access on June 6, 2023)

30. 聯合國永續發展目標 SDGs (https://sdgs.un.org/goals) (Access on
    June 6, 2023)

31. 譚家瑜（譯）(2017)。不平靜的太平洋：大航海時代的權力競技場，
    牽動人類命運的海洋史。臺北市：聯經。(Winchester, S., 2015)

32. Leadership。水產養殖管理委員會產銷供應鏈 (ASC-CoC) 認證。
    (March 17, 2020)。https://www.isoleader.com.tw/home/iso-coaching-
    detail/ASC (Access on June 6, 2023)

33. 古雲傑 (2013)，吳郭魚養殖碳足跡之調查——以雲林麥寮養殖戶為例。
    國立臺灣海洋大學碩士學位論文。

日文

1. 平尾雅彥，消費者の行動で達成する SDGs12 番目の目標 "持続可能
   な消費と生産パターンの確保"，日本家政学会誌，2020，71 卷，9
   号，p. 617-623，公開日 2020/10/02，Online ISSN 1882-0352，
   Print ISSN 0913-5227。https://doi.org/10.11428/jhej.71.617；
   https://www.jstage.jst.go.jp/article/jhej/71/9/71_617/_article/-
   char/ja

英文

1. Arias et al. (2021). Technical Summary. In Climate Change 2021: The Physical Science Basis. Contribution of Working Group I to the Sixth Assessment Report of the Intergovernmental Panel on Climate Change [Masson-Delmotte et al. (eds.)]. Cambridge University Press, Cambridge, UK and New York, NY, USA, pp. 33–144. doi: 10.1017/9781009157896.002.

2. Atelge, M. R., Krisa, D., Kumar, G., Eskicioglu, C., Nguyen, D. D., Chang, S. W., Atabani, A. E., Al-Muhtaseb A. H., & Unalan S. (2018) Biogas production from organic waste: recent progress and perspectives, Waste and Biomass Valor, 11

3. Atlantic Salmon Federation (2021). Assessing the carbon footprint of aquaculture. Retrieved from https://www.asf.ca/news-and-magazine/salmon-news/assessing the-carbon-footprint-of-aquaculture (Access on May 10, 2023).

4. Carson, R. (1962). Silent Spring. FAWCETT PUBLICATIONS, INC., GREENWICH, CONN., 155 pp.

5. Cho, H. U., & Park, J. M. (2018) Biodiesel production by various oleaginous microorganisms from organic wastes, Bioresour. Technol., 256

6. Chou, W. C., Fan, L. F., Yang, C. C., Chen, Y. H., Hung, C. C., Huang, W. J., Shih, Y. Y., Soong, K., Tseng, H. C., Gong, G. C., Chen, H. Y. & Su, C. K. (2021). A unique diel pattern in carbonate chemistry in

the seagrass meadows of Dongsha Island: the enhancement of metabolic carbonate dissolution in a semienclosed lagoon. Front. Mar. Sci. doi: 10.3389/fmars.2021.717685.

7. Chou, W. C., Liu, P. J., Chen, Y. H. & Huang, W. J. (2020). Contrasting changes in diel variations of net community calcification support that carbonate dissolution can be more sensitive to ocean acidification than coral calcification. Frontiers in Marine Science, 7: 3, doi: 10.3389/fmars.2020.00003.

8. Chu P. Y., Li J. X., Hsu T. H., Gong H. Y., Lin C. Y., Wang J. H. & Huang C. W. (2021). Identification of Genes Related to Cold Tolerance and Novel Genetic Markers for Molecular Breeding in Taiwan Tilapia (Oreochromis spp.) via Transcriptome Analysis. Animals 11 (12): 3538. doi: 10.3390/ani11123538.

9. Chu, Y. T., Bao, Y., Huang, J. Y., Kim, H. J., & Brown, P. B. (2022). Supplemental C addressed the pH conundrum in sustainable marine aquaponic food production systems. Foods, 12 (1), 69.

10. Coppola, D., Lauritano, C., Palma Esposito, F., Riccio, G., Rizzo, C., & Pascale, D. (2021). Fish waste: from problem to valuable resource, Mar. Drugs, 19.

11. Dawson, F. (2021). Aquaculture carbon footprint study on BC salmon farms https://seawestnews.com/aquaculture-carbon-footprint-study-on-bc-salmon-farms/(Access on June 6, 2023)

12. European Youth Portal (2021). How to reduce my carbon footprint? https://europa.eu/youth/get-involved/sustainable-development/how -reduce-my-carbon-footprint_en (Access on June 6, 2023)

13. FAO (2011). Global Food Loss and Waste (http://www.fao.org/ docrep/014/mb060e/mb060e00.pdf) (Access on June 6, 2023)

14. FAO (2017). SAVE FOOD: Global Initiative on Food Loss and Waste Reduction. (http://www.fao.org/save-food/en/) (Access on June 6, 2023)

15. FAO (2022). The State of Food Security and Nutrition in the World. https://www.fao.org/documents/card/en/c/cc0639en.

16. FAO (2022). The state of Food and Agriculture: Climate change, agriculture and food security. 194 pp. Food and Agriculture Organization of the United Nations, Rome.

17. Food and Agriculture Organization of the United Nations. (2015). 'Helping to reduce by catch in Latin America and the Caribbean' http://www.fao.org/blogs/blue-growth-blog/helping-to-reduce- bycatch-in-latin-america-and-the-caribbean/en/(Accessed on July 20, 2021)

18. F. R. A. Center, Editor (2022). Understanding the Connections: Food Insecurity and Obesity.

19. Friedlingstein et al. (2022). Global Carbon Budget 2021, Earth Syst. Sci. Data, 14, 1917–2005, https://doi.org/10.5194/essd-14-1917-2022, 2022.

20. Harrington, J. M., Myers, R. A., & Rosenberg, A. A. (2005). Wasted fishery resources: discarded by-catch in the USA Fish Fish., 6.

21. Lin, H. Y., Yen, S. C., Kuo, P. C., Chung, C. Y., Yeh, K. L., Huang, C. H., Chang J., & Lin, H. J. (2017). Alkaline phosphatase promoter as an efficient driving element for exogenic recombinant in the marine diatom Phaeodactylum tricornutum. Algal Research. 23: 58–65.

22. Jehlee, A., Khongkliang, P., & Thong, S. O. (2017). Biogas production from Chlorella sp. TISTR 8411 biomass cultivated on biogas effluent of seafood processing wastewater, Energy Procedia, 138.

23. Kawasaki, T. (2013). Regime shift-fish and climate change. Tohoku university press, Sendai. 162 pp.

24. Khiari, Z., Kaluthota, S., & Savidov, N. (2018). Aerobic bioconversion of aquaculture solid waste into liquid fertilizer: effects of bioprocess parameters on kinetics of nitrogen mineralization, Aquaculture, 500.

25. Le Blanc, D., Freire C. & Vierros M. (2017). Mapping the linkages between Oceans and other sustainable development Goals: a preliminary exploration. DESA working paper No. 149. Department of economic and social affairs, Unit Nations.

26. Lin H. Y., Shih C. Y., Liu H. C., Chang J., Chen Y. L., Chen Y. R., Lin H. T., Chang Y. Y. , Hsu C. H. & Lin H. J. (2013). Identification and characterization of an extracellular alkaline phosphatase in the

marine diatom Phaeodactylum tricornutum. Marine Biotech. 15, pp. 425–436.

27. Liu, Y. J., Rosten, T. W., Henriksen, K., Hognes, E. S., Summerfelt, S., & Vinci, B. (2016). Comparative economic performance and carbon footprint of two farming models for producing Atlantic salmon (Salmo salar): Land-based closed containment system in freshwater and open net pen in seawater. Aquacultural Engineering, 71, 1–12.

28. Lothmann, R., & Sewilam, H. (2022). Potential of innovative marine aquaculture techniques to close nutrient cycles. Reviews in Aquaculture.

29. Love, D. C., Fry, J. P., Milli, M. C., & Neff, R. A. (2015). Wasted seafood in the United States. Quantifying loss from production to consumption and moving toward solution, Global Env. Challenge, 35.

30. Lui, H. K. & Chen, C. T. A. (2015). Deducing acidification rates based on short-term time series. Scientific Reports, 5, 11517.

31. Lutz, C. G. (2021). Assessing the carbon footprint of aquaculture. Retrieved from https://thefishsite.com/articles/assessing-the-carbon-footprint-of-aquaculture (Access on June 6, 2023)

32. Ma, C. H., et al. (2021). Improving Survival of Juvenile Scalloped Spiny Lobster (Panulirus homarus) and Crucifix Crab (Charybdis feriatus) Using Shelter and Live Prey. Animals (Basel), 11 (2).

33. Ma, C.-H., et al. (2022). Potential Plasticity of Artificial Feed Preference in Juvenile Pharaoh Cuttlefish (Sepia pharaonis) Through Progressive Training Programs. Frontiers in Marine Science, 9.

34. Mozumder, M. M. H., Uddin, M. M., Schneider, P., Raiyan, M. H. I., Trisha, M. G. A., Tahsin, T. H. & Newase, S. (2022). Sustainable utilization of fishery waste in Bangladesh—A qualitative study for a circular bioeconomy initiative Fishes, 7.

35. Nippon Foundation-Nereus Program (2017). Oceans and Sustainable Development Goals: Co-benefit, Climate Change and Social Equity. Vancouver, 28 pp., www.nereusprogram.org.

36. NovoNutrients. (2022). Company details. Retrieved from https://sosv.com/portfolio/novonutrients (Access on June 6, 2023)

37. NovoNutrients-SOSV https://sosv.com/portfolio/novonutrients (Access on June 6, 2023)

38. Ntona, M. & E. Morgera (2018). Connecting SDG 14 with the other Sustainable Development Goals through marine spatial planning. Marine Policy, 93: 214–222.

39. Petersson, T., Secondi, L., Magnani, A., Antonelli, M., Dembska, K., Valentini, R., ... & Castaldi, S. (2021). A multilevel carbon and water footprint dataset of food commodities. Scientific data, 8 (1), 1–12.

40. Racioppo, A., Speranza, B., Campaniello, D., Sinigaglia, M., Corbo, M. R. & Bevilacqua, A. (2021). Fish loss/waste and low-value fish challenges: state of art, advances, and perspectives, Foods, 10.

41. Schmidt, S., B. Neumann, Y. Waweru, C. Durussel, S. Unger & M. Visbeck (2017). SDG 14 Conserve and sustainability use the oceans, seas and marine resources for sustainable development（D. J. Griggs, M. Nilsson, Stevance, A., McCollum, (eds.). Stevance, D. (eds.). A Guide to SDG Interactions: from Science to Implementation）. pp. 174-214. International council for science (ICSU), Paris.

42. Signh et al. (2018). A rapid assessment of co-benefits and trade-offs among Sustainable Development Goals. Marine policy, 93: 223-231.

43. Sowmya, R., & Sachindra, N. M. (2014). Carotenoids from fishery resources, Fish Processing By products: Quality Assessment and Applications, Studium Press, Houston, Tx.

44. Stuchtey, M. R., Vincent, A., Merkl, A. & Bucher M. (2020). Ocean solutions that benefit people, nature and the economy. Washington, DC: World resources Institute. www.oceanpanel.org/ocean-solutions. 141 pp.

45. Trust for America's Health (2022). The State of Obesity.

46. Tran, N., et al. (2021). Growth, yield and profitability of genetically improved farmed tilapia (GIFT) and non-GIFT strains in Bangladesh. Aquaculture, 536.

47. Unger, S., Müller, A., Rochette, J., Schmidt, S., Shackeroff, J. & Wright G. (2017). Achieving the Sustainable Development Goal for the Oceans. IASS Policy Brief 1, 12 pp.

48. Venugopal, V. (2009). Seafood Processing: Adding Value Through Quick Freezing, Retortable Packaging, And Cook-Chilling, CRC Press, Boca Raton, Florida, USA.

49. Venugopal, V. (2022). Green processing of seafood waste biomass towards blue economy, Current Research in Environmental Sustainability, Volume 4.

50. Winchester, S. (2017). Atlantic: A Vast Ocean of a Million Stories.

51. Wong, M. H., Mo, W. Y., Choi, W. M., Cheng, Z. & Man, Y. B. (2016). Recycle food wastes into high quality fish feeds for safe and quality fish production, Environ. Pollut., 219.

52. Ximenes, J. C. M., Hissa, D. C., Ribeiro, L. H., Rocha, M. V. P., Oliveira, E. G., & Melo, V. M. M. (2019). Sustainable recovery of protein-rich liquor from shrimp farming waste by lactic acid fermentation for application in tilapia feed, Braz. J. Microbiol., 50.

53. Yan, N., & Chen, X. (2015). Sustainability: don't waste seafood waste, Nature, 524.

54. Ziegler, F., Winther, U., Hognes, E. S., Emanuelsson, A., Sund, V., & Ellingsen, H. (2013). The carbon footprint of Norwegian seafood products on the global seafood market. Journal of Industrial Ecology, 17 (1), 103-116.

55. Ziegler, F., Winther, U., Hognes, E. S., Emanuelsson, A., Sund, V., & Ellingsen, H. (2013). The Carbon Footprint of Norwegian Seafood Products on the Global Seafood Market. Journal of Industrial Ecology, 17 (1), 103−116.

（全書圖片未標示來源者皆由作者提供）

科學

作者：松本英惠
譯者：陳朕疆

打動人心的色彩科學

暴怒時冒出來的青筋居然是灰色的！？
在收銀台前要注意！有些顏色會讓人衝動購物
一年有 2 億美元營收的 Google 用的是哪種藍色？
男孩之所以不喜歡粉紅色是受大人的影響？
會沉迷於美肌 app 是因為「記憶色」的關係？
道歉記者會時，要穿什麼顏色的西裝才對呢？

你有沒有遇過以下的經驗：突然被路邊的某間店吸引，接著隨手拿起了一個本來沒有要買的商品？曾沒來由地認為一個初次見面的人很好相處？這些情況可能都是你已經在不知不覺中，被顏色所帶來的效果影響了！本書將介紹許多耐人尋味的例子，帶你了解生活中的各種用色策略，讓你對「顏色的力量」有進一步的認識，進而能活用顏色的特性，不再被繽紛的色彩所迷惑。

作者：潘震澤

科學讀書人——一個生理學家的筆記

「科學與文學、藝術並無不同，
都是人類最精緻的思想及行動表現。」

★ 第四屆吳大猷科普獎佳作
★ 入圍第二十八屆金鼎獎科學類圖書出版獎
★ 好書雋永，經典再版

科學能如何貼近日常生活呢？這正是身為生理學家的作者所在意的。在實驗室中研究人體運作的奧祕之餘，他也透過淺白的文字與詼諧風趣的筆調，將科學界的重大發現譜成一篇篇生動的故事。讓我們一起翻開生理學家的筆記，探索這個豐富又多彩的科學世界吧！

破解動物忍術

如何水上行走與飛簷走壁？
動物運動與未來的機器人

水黽如何在水上行走？蚊子為什麼不會被雨滴砸死？
哺乳動物的排尿時間都是 21 秒？死魚竟然還能夠游泳？

讓搞笑諾貝爾獎得主胡立德告訴你，這些看似怪異荒誕的研究主題也是嚴謹的科學！

★《富比士》雜誌 2018 年 12 本最好的生物類圖書選書
★《自然》、《科學》等國際期刊編輯盛讚

從亞特蘭大動物園到新加坡的雨林，隨著科學家們上天下地與動物們打交道，探究動物運動背後的原理，從發現問題、設計實驗，直到謎底解開，喊出「啊哈！」的驚喜時刻。想要探討動物排尿的時間得先練習接住狗尿、想要研究飛蛇的滑翔還要先攀登高塔？！意想不到的探索過程有如推理小說般層層推進、精采刺激。還會進一步介紹科學家受到動物運動啟發設計出的各種仿生機器人。

作者
胡立德（David L. Hu）

譯者：羅亞琪
審訂：紀凱容

國家圖書館出版品預行編目資料

SDG 14的加減乘除：海洋生態的永續議題與實踐／
李明安總策劃;謝玉玲主編;廖柏凱,黃之暘,張正杰,簡
連貴,林詠凱,徐德華,龔紘毅,黃章文,蕭心怡,劉修銘,
呂學榮,藍國瑋,周文臣,陳均龍著.——初版一刷.——
臺北市：三民，2023
面；　公分.——（TechMore）

ISBN 978-957-14-7667-4 （平裝）
1. 海洋環境保護 2. 海洋資源保育 3. 永續發展
4. 文集

445.99　　　　　　　　　　　　112011671

SDG 14 的加減乘除：海洋生態的永續議題與實踐

總 策 劃	李明安
主　　編	謝玉玲
作　　者	廖柏凱　黃之暘　張正杰
	簡連貴　林詠凱　徐德華
	龔紘毅　黃章文　蕭心怡
	劉修銘　呂學榮　藍國瑋
	周文臣　陳均龍
責任編輯	陳昭榮
美術編輯	陳宥心
發 行 人	劉振強
出 版 者	三民書局股份有限公司
地　　址	臺北市復興北路 386 號 (復北門市)
	臺北市重慶南路一段 61 號 (重南門市)
電　　話	(02)25006600
網　　址	三民網路書店 https://www.sanmin.com.tw
出版日期	初版一刷 2023 年 9 月
書籍編號	S300440
I S B N	978-957-14-7667-4

三民書局